Getting Started
Clicker Training for Cats

猫の クリッカー トレーニング

カレン・プライア 著
杉山尚子・鉾立久美子 訳

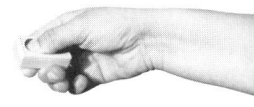

二瓶社

Getting Started: Clicker Training for Cats
by Karen Pryor
Copyright © 2001 by Karen Pryor
Japanese traslation rights arranged with Sunshine Books. Inc.

もくじ

第1章　クリッカートレーニングを始めましょう　7
　なぜ猫をトレーニングするのか？　8
　猫の日常生活と態度を改善する　11
　クリッカートレーニングとは何か？　13
　始める前に　15
　始めましょう：はじめてのクリッカートレーニング　17
　猫は反応が鈍いのか？　19
　はじめてのシェイピング　20
　トレーニングをどのくらい続けるか　22
　トレーニングを終わらせる　23
　さらなるターゲットトレーニング　24
　何かかわいらしい行動を教える　27
　クリッカーなしのクリッキング　28
　クリッカーを恐れる：一時的な問題　29
　ごほうびをもっと好ましいものにする　30
　食べ物のごほうびにかわるもの　33
　クリッカー日誌のはじまり　35
　どのくらいの早さでできるようになるか？　35

第2章　役に立つ行動　37
　呼んだら来る　38
　合図を教える　40
　じっと座っていてちょうだい：おねだりにかわるもの　44
　じっと座っている時間をだんだん長くしていくこと　46

リードをつないで散歩をさせること　49

抱き上げる合図　52

爪を立てない　53

手入れをしてきれいにすること　55

多くの猫をトレーニングすること　58

第3章　楽しいお遊び　61

クリッカートレーニングされた猫　62

猫のアジリティ競技　63

音楽を楽しむ猫　66

点をたどる：究極の猫のスポーツ　67

行動に名前をつける：合図の加え方　69

同時にたくさんの行動を教える　72

スピードの速い動き　75

クリッカートレーニングとコミュニケーション　78

学ぶことを学ぶ：クリッカートレーニングの利点　79

レパートリーが増えれば関係はさらに豊かになる　81

飼い猫だけではない　84

第4章　問題と解決法　87

排泄の問題　88

トイレが汚れすぎて使えない　89

トイレが使いにくい　89

同じトイレをたくさんの猫が使う　90

人間に対する"攻撃"　91

足首をかむ　92

ヒョウのようなジャンプ：上からの待ち伏せ　93

家具を引っかいたり引き裂いたりすること　95
　　退屈　98
　　鳴き声　100
　　食事中にテーブルに跳び乗る　100
　　食べ物の好みがうるさい　101
　　抜け毛　103
　　木登り　104
　　猫どおしのケンカ　106
　　猫と犬を一緒に飼う　107
　　猫を追いかけ回す犬に対処する：あるクリッカーストーリー　109
　　コミュニケーションとしてのクリッカートレーニング　115

第5章　資料：お役立ち情報とさらに勉強するには　117
　　クリッカートレーニングのための書籍、ビデオ、道具　118
　　猫のクリッカートレーニングのウェブサイトとリスト　120
　　日本語で学ぶクリッカートレーニング　121

付　録　123
　　猫のクリッカートレーニング 15 の秘訣　124

訳者あとがき　127

第1章
クリッカートレーニングを始めましょう

なぜ猫をトレーニングするのか？

　この本は猫と楽しいひとときを過ごすための新しい方法について書いたものです。それはクリッカートレーニングと呼ばれています。なぜ猫をトレーニングしようなどと考えるのでしょう。そんなことは不可能だと誰もが思っています。「猫を調教する」とは形容矛盾もいいところ。猫を羊のようにコントロールするなんて、不可能なことをすることのたとえです。猫に何をしつけようとするのですか？　美しく見えることですか？　そんなこと猫はとっくに知っています。家をいつもきれいにしておくことですか？　たいていの猫は家をいつも清潔にしておくことに非常に気を使っています。犬のような芸をさせたり、おかしな帽子をかぶせたりしたいのですか？　けっしてそうではないでしょう。猫はプライドが高いからこそ、私たちは尊敬しているのですから。では、知性、愛らしさ、面白さといった点ではどうですか？　猫はすでにそういう存在です。そんなことをトレーニングする必要はありません。だからこそ、私たちは猫との付き合いを楽しんでいるのですから。彼らは必要なことを全部備えているのです。実際、猫は逆にあなたの方をしつけてさえいるのです。

カレン・プライア
クリッカートレーニングのパイオニアです。

しかし、クリッカートレーニングは必ずしも普通考えられているようなトレーニングではありません。それは命令と服従から成り立っているものではありません。支配やお追従のような社会関係に頼るものではありません。むしろ商取引のようなものなのです。知らない外国語を話す人と取引しようとしている場面を想像してみてください。「そのブレスレットを買いたいのです。このくらいの値段までなら出せます」と、身振り手振りで交渉します。クリッカートレーニングも取引のようなものです。猫には必ずしもジェスチャーや声が通じないので、クリッカーを使うわけです。カチッというクリック音は、猫がしてくれたことへの対価として、猫が好きなものを支払ったという印なのです。

猫がしてくれたことにクリッカーを鳴らす、それがすべてです。猫がたまたまテーブルから跳び降りてくれたとき、跳び降りている間にクリックして、その後ごほうびをやります。同じことを数回繰り返すと、

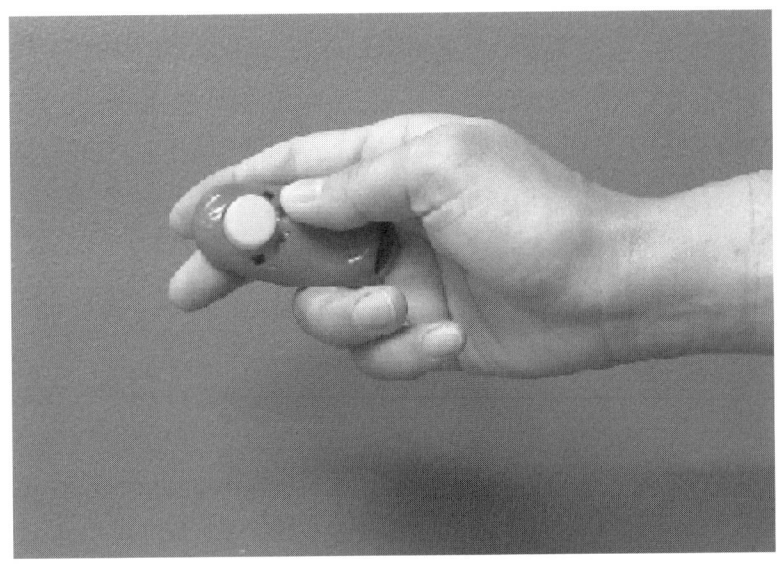

新型クリッカー　プラスチックの小さな道具。ボタンを押すとカチッと音がします。

あなたが部屋に入って来るのを目にするなり、猫はテーブルから跳び降りるようになります。そんなことはしたくない、ですって？　そうですか、それなら逆に、猫がテーブルに跳び乗ろうとしたらクリックして、それからごほうびをやってみてください。数回繰り返したら、あなたが部屋に入って来るのを目にするなり、猫はテーブルに跳び乗ろうとするでしょう。

　猫がこのやり方を理解するようになったら、跳び乗り、跳び降りにごほうびをあげる取引を開始することを示すために、言葉やジェスチャーを加えることができます。「乗って」。猫は跳び乗ります。「降りて」。猫は跳び降ります。そしてクリックします。お友達をびっくりさせてごらんなさい。

一つの行動をクリックすると猫はその行動をまるごと繰り返すようになります。ここではフォーブがクリックとごほうびのために高い棚から低いテーブルへジャンプしています。

クリックは猫の行動をコントロールする力を与えてくれます。あなたにはその力が必要なときがあるはずです。しかしクリッカートレーニングは、ダイニングルームのテーブルから猫を降ろす（もしくはテーブルに乗せる。そちらの方がお好みなら）ための、思いやりのある新しいテクニックにとどまりません。人間とは違う生物とコミュニケーションをとる方法の一つなのです。しかも素早く簡単にできる方法です。猫にとっても楽しい方法です。このクリッカーのゲームは、とても強力なゲームですが、猫の健康や活動レベルの増進にも役立ちます。今以上に幸福感や愛らしさをもたらします。猫の態度を変えれば、友人や家族の猫への扱いも変わってきます。その結果、（これはやってみる価値のあることですが）クリッカーを使うことで、あなたと猫にはお互いに今まで想像もできなかったほどのよりよいコミュニケーションや、理解と尊敬が生まれるのです。

猫の日常生活と態度を改善する

　クリッカートレーニングは、猫（特に飼い猫）に食べることと眠ること以外にもすることがあるのだということを教えます。1日にほんのわずかの時間、1日3、4分であっても、クリッカートレーニングはあなたの猫に変化をもたらします。攻撃的で活発過ぎる猫が落ち着きます。ソファで寝てばかりの猫が活動的になります。年老いた猫にとって、クリッカーゲームはもう一度、若い頃のはしゃぐ気持ちを刺激してくれます。猫が面白くて魅力ある存在になるとわかります。そうなれば猫がよきパートナーであることを再認識できるでしょう。
　クリッカーゲームによって、猫の方もあなたにもっと関心を持つようになるかもしれません。自分のせいで猫を退屈させていると感じたことはありませんか？　キャットフードの缶を開ける音が聞こえるまでは、

あなたを無視し続けているようなことはありませんか？　抱き上げようとかがんだら逃げたり、抱きしめたらもがいたり、撫でようとしたらかわされたりしませんか？　クリッカーゲームによって、そのようなことすべてが変えられます。しかも、ごほうびに頼るのではなく、楽しいチャレンジによって。クリッカーゲームで猫のすることは、芸を覚えることではなくて、あなたにクリックをさせ、撫でてもらったりエサをもらう方法を発見することです。あなたの側からみると、呼んだらすぐ来たり、ゴロニャンと仰向けになるように猫を教えることです。一方、猫の側から見ると、クリックしてくれるようにあなたを仕向けることであり、そのことは猫にとって大満足なことなのです。

　ある意味では、クリッカーゲームは、家の中での生活では経験できない、野生における探検や狩りの興奮にとってかわるものです。敏捷な身のこなしで達成できることだけではなく、すばらしい知性を使って達成する楽しいことを猫に与えてくれます。「クリッカーで賢くなった猫」（クリッカーゲームを通してコミュニケーションの方法を学んだ猫）は独自の創造力を使って、あなたと新しいクリッカーゲームを始めることすらありえます（これらは、猫にとっては楽しくても、あなたにはありがたくないトラブルを引き起こす新しい方法を見つけられるより、はるかに受容できます）。

　もしあなたの猫の行動に問題があるなら、クリッカートレーニングが役に立ちます（第4章「問題と解決法」参照）。しかしクリッカートレーニングは、あなたにとって迷惑な行動をコントロールするだけのものではありません。新しい行動を教える方法です。クリッカートレーニングによって、望ましくない行動を、新しい望ましい行動に変えていけるのです。それだけでなく、想像力を使って、猫と一緒に楽しめる新しい方法を見いだせるのです。クリッカートレーニングは、猫とあなた両方にとって生活をより良くする一つの方法なのです。

クリッカートレーニングとは何か？

　クリッカートレーニングは、新しい行動を形成するために、正の強化（訳注：日本の動物トレーニングの世界では「陽性強化」とよばれている）と合図を使った、オペラント条件づけと呼ばれる科学的な体系の一般的な呼び名です。クリッカートレーニングは、イルカのトレーニング方法を基礎としています。イルカのトレーナー（新しい行動を教えるためにクリッカーのかわりにホイッスルを使う）がこのテクニックを最初に使い、発展させました。今や、インターネットのおかげで、クリッカートレーニングは世界中でさまざまな種類の動物に対して使われるようになっています（第5章「資料」参照）。犬のトレーナーは、時代遅れのチョークカラーやリードをきつく引くことのかわりに、クリッカーと正の強化を使っています。馬の飼い主は、拍車をかけたり、鞭で打つかわりに、クリッカーとごほうびを使って、馬に苦痛を与えることなく、言うことを聴かせられるようになっています。動物園の飼育係は、キリンから北極熊に至るまで、トレーニングできないと言われていたあらゆる種類の動物たちを、クリッカートレーニングによって難なく扱い、移動や診察にもクリッカートレーニングを使っています。

　クリッカートレーニングは従来のトレーニングとは違います。私たちクリッカートレーナーは、動物に命令したり、おだてようとかおびき出そうとか、甘い言葉で何かをさせようとはしません。それよりむしろ、動物をよく観察し、望むことを動物がしたときや、望む方向にわずかに近づいたら、クリックします。それからごほうびを少し与えます。それから待ち、行動が再び起きるのを見守ります。

　クリック音（あるいは何か適当な音の合図）は不可欠です。望ましい行動をした瞬間に、クリックして音の合図を出すことで、それこそが君にしてほしかったことなんだよ、ということを動物に知らせるのです。

動物は間違いなくクリックの意味を理解します。なぜなら、この方法こそ、自然界で彼らが学ぶやり方だからです。クリックするたびに、「そのとおり！　それこそがまさにしてほしかったことなんだ」と動物に言っているのと同じです。食べ物のごほうびだけでは、こんなふうにはなりません。食べ物がもつ唯一のメッセージは、「おいしい」ということだけです。事実、食べ物を手に持って見せびらかすことは、動物が新しい行動を学ぶ妨げになります。人間流にほめることは多くの猫から歓迎されますが、どの行動をほめたのかを正確に伝えることはできません。タイミングのよいクリックや、同じようにちょっと驚かす出来事は、非常に正確にどの行動をすべきかを伝えます。クリックを確立すれば、コミュニケーションシステムを作ることになるのです。

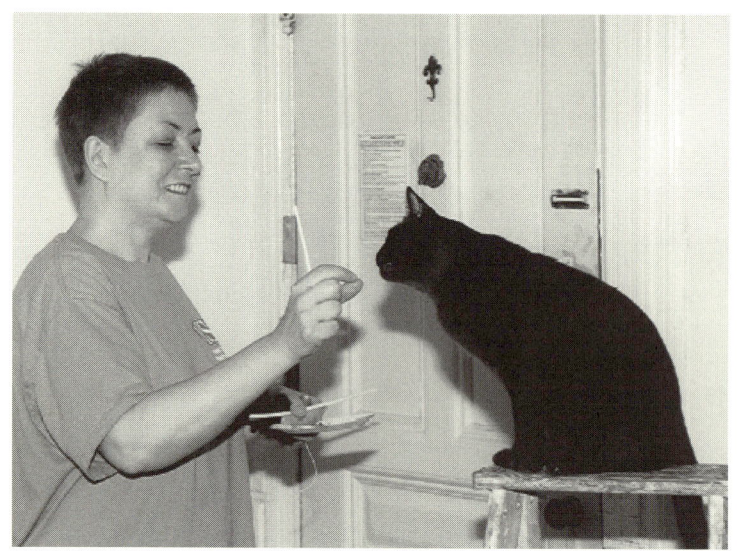

クリックは、してほしい行動が何なのか猫に伝えます。リーナスは自分の勝ち取ったごほうびをもらいました。

始める前に

　クリッカートレーニングを始めるには、次の2つが必要です。何か猫がほしがるごほうび（普通は食べ物、しかし必ずしも食べ物でなくてもよい）と、ごほうびを与えるに値する行動を特定するための合図です。合図には、短く鋭い音を出すものなら何でも使えます。ベビーフードの瓶のふたにあるくぼみをベコベコさせる、ボールペンをノックする、ホッチキスを使ってクリックするなどです。イルカのトレーナーはホイッスルを使います。耳の聞こえない動物には、フラッシュライトの点滅を使います。ベテランのトレーナーや動物園の飼育係は、市販のトレーニング用のクリッカー（第5章「資料」参照）を好んで使っています。

　それからごほうびが必要です。きっと好きだろうとか、これが猫にはよいだろうと、あなたが判断するものではなく、猫自身が「本当に」好

クリッカートレーニングでは通常、食べ物がごほうびに使われます。クーンは自動給餌器から、自分でおやつを取り出すことを学習しました。クーンがレバーを押すと、おやつが出てきます。

きなものでなくてはなりません。たいていの猫は、さいの目に切ったハムやチーズ、チキン、そしてもちろんツナが好きです。猫の好物がわからなければ、一つずつ試して確かめてください。ごほうびは素早く食べられるように柔らかい物がいいです。そして小さく分けて与えられるものでなくてはなりません。エンドウ豆くらいの大きさが猫にはぴったりです。カーペットや家具の上に直接食べ物を置きたくないならば、小さなお皿を使いましょう。クリックするたびにお皿の上にごほうびを置き、その場で猫に食べさせます。太ることが心配ならば、猫のいつもの食餌の10～20％のトレーニング用のごほうびを用意して、食後ではなく食前にトレーニングするとよいでしょう。

　猫に食餌制限がある場合はどうしたらよいでしょう？　トレーニングを始めたばかりのときだけ、猫が大好きな食べ物を使います。そしてだんだんと通常のエサに切り替えます。猫が空腹なうちに、食餌の直前にトレーニングをすることが大切です。

　市販されている猫のトリーツは、乾燥していて清潔でおいしく、急に猫にごほうびをあげたくなったときのためにポケットに入れて持ち歩くのに便利ですが、クリッカートレーニングにとっては理想的なものではありません。それらの多くは大きすぎて、少し食べただけでおなかが一杯になってしまうので、クリッカーゲームを2、3回しか続けられないからです。また市販のトリーツのほとんどは、噛み砕いたり飲み込んだりするにはかなりの時間がかかるので、その間、どの行動がクリックされたのか忘れてしまう危険があります。そういうわけで、少なくともゲームを始めたばかりのうちは、生食の食べ物が望ましいのです。

始めましょう：はじめてのクリッカートレーニング

猫が空腹なときを見はからい、小さなごほうびを 10 〜 20 個用意します。一口大のチキンやハム、チーズがよいでしょう。それをフードボールに入れます。お皿の上であげたいときは、お皿も用意します。それからクリッカーを取り出します。

はじめてクリッカートレーニングをするときは、ターゲットに触ることを最初に教えるのがよいと思います。これは教えやすい行動で、かつ将来利用価値が高いからです。ターゲットは、鉛筆や箸や木製のスプーンのような、棒状のものなら何でもかまいません。あなたと猫がいつも遊んでいる慣れた場所、台所や朝食用のテーブル、居間のソファなどに腰を下ろしてください。

ターゲットについていくことは、猫にとってもトレーナーにとっても簡単な、最初に教えられる行動です。

２匹以上猫を飼っているなら、問題行動が一番ひどい猫ではなく、一番人なつこくて空腹な猫からトレーニングを始めます。あなた自身もトレーニングの仕方を覚えようとしているときですから、あなたにとってもことは簡単にした方がよいのです。あなたと猫以外、誰もいないときを見はからいます。クリッカートレーニングは集中力が必要なので、他の人がいたら気がそれてしまうからです。もし他にもペットがいたら、他の部屋に閉じこめるか、トレーニングする猫をバスルームに連れて行き、ドアを閉めましょう。

　まず猫にフードボールに入れたごほうびの匂いをかがせ、それから手がすぐに届く所にフードボールを置きます。そして必要なら、ボールが猫に襲撃されないよう防御します。次に、ごほうびを一つ取り上げ、クリック音を鳴らすと同時にごほうびを与えます。ごほうびを直接口の中に入れてやってもよいし、皿の上に置いても、猫の目の前にごほうびを放ってもかまいません。少し動かなければごほうびが拾えないくらいの距離に放るのが私は好きです。猫が食べている間は、リラックスして何もしないでおきましょう。これを４、５回繰り返します。クリッカーの音が、ごほうびが出てくる印と意味づけることによって、クリッカーを「充電」します。

　猫に触ろうとしてはいけません。猫に話しかけてもいけません。どんな方法であっても強制しようとしてはいけません。「クリック＝ごほうび」ということを教えるためには、あなたを見る必要も、あなたのそばにいる必要もないからです。ただクリックを鳴らし、それからごほうびを与えるだけです。クリックとごほうびを何回か同時に与えた後は、ごほうびを与えるタイミングを0.5秒くらい遅らせることができます。はじめにクリック、それからごほうびです（この逆では「クリック＝ごほうび」を覚えません）。

猫は反応が鈍いのか？

　トレーニングを始めたばかりの頃は、クリックとごほうびの組み合わせを４、５回しただけで、ほとんどの猫はどこかへ行ってしまいます。それでいいのです。ひと休みします。５回しかやらなくても、全然しないよりはずっとよいのですから。猫は突然与えられたとびきりおいしい食べ物が、気まぐれに与えられたのではないということをまだ理解していないだけです。猫は自分がこのゲームの主導権をとれるのだということをわかっていません。それで、目新しさがなくなるとやめてしまうのです。数時間たってから、あるいは次の日に再びトライしてみましょう。これを数日間繰り返せば、猫は自分がある動きをするとクリック音が鳴るという、重要な発見をするようになります。そうなれば、猫はもっとゲームを続けたくなります。

トレーニングを始めてすぐは猫は、２、３回のクリックでどこかへ行ってしまいます。それでも学習は始まっています。

猫が1回か2回ごほうびを食べただけで、その後興味をなくしたような場合は、自分の猫はクリッカートレーニングが好きではない、あるいはクリッカーは効果がないとお考えになるかもしれません。興味を失う本当の理由は、食べ物なんかいつでも食べられるということです。キャットフードを与えられ、いつでも食べ物にことかかなければ、胃袋には1口か2口分のエサの空きしかないのでしょう。したがって、トレーニングを始めたばかりのときは、クリッカーセッションの前は、2、3時間キャットフードを与えないことです。もしかするとエサのやり方の見直しを考えるようになるかもしれませんね（本章の「ごほうびをもっと好ましいものにする」参照）。

はじめてのシェイピング

猫がトレーニングに興味を持つようになり、もっとごほうびを欲しがるようになったとしましょう。ターゲットを取り出し、猫の3cm〜5cm手前に差し出します。猫はターゲットスティックの先端を見たり、匂いをかぐことでしょう（これを確実にするには、よい匂いがするように棒の先端に少し食べ物をこすりつけておきます）。猫が鼻でターゲットに触れた瞬間にクリックし、ターゲットを引っ込めてからごほうびをあげます。食べ終えたらすぐに、ターゲットスティックを再び猫の前に差し出します（手が3本必要な気分になりますよね。1本はクリッカー用、1本はターゲット用、1本はごほうび用に。それなら片手にターゲットとクリッカーを一緒に持てばいいのです）。

たいていの猫は、ほとんど自動的にターゲットスティックの先に鼻を近づけます。猫がもともと持っている匂いづけ行為（マーキング）に関係しているのだと私は思います。猫がターゲットをじっと見つめるだけなら、鼻のすぐそばに、ほとんどくっつくくらいの所まで近づけてくだ

さい。そうすれば、猫はまず触ります。そしてクリック、次にごほうび。それからすぐにまたターゲットを差し出します。たとえターゲットの方へ顔を向けるといった簡単なことでもよいから、猫に何かをさせてクリックを鳴らしたいわけですが、クリックとごほうびを繰り返せるように、課題はなるべく簡単にしておきます。

ほとんどの猫は興味津々でターゲットの匂いをかぎます。12週齢のアルカはすぐにターゲットに興味を示しました。クリックとごほうびをもらうと、ターゲットについていきます。ターゲッティングは役に立つ行動や楽しい遊びを教えるときの基礎になります。

次に、ターゲットを少し離れた所に差し出します。1歩か2歩前に進まないと届かないくらいの距離です。自分が動いている最中にクリック音が鳴ると、自分が動くとクリック音が鳴るのだということに気づきやすくなるようです。もし猫が座ったままだったり、ターゲットに近づこうとしなければ、ごほうびを放ってください。そうすると猫は食べるために近寄ってきます。そして猫が近づいてきたときにターゲットを再び差し出します。

猫がターゲットに触れた瞬間にクリックします。触れた後ではありません。「よし」という言葉のかわりにクリックを使う最も大きな利点は、猫だけではなくあなたにとっても、瞬時にフィードバックを与えられる点です。猫がターゲットに触れた後でクリックしたら、音でタイミングのずれに気づき、クリックが少し遅かったことがすぐわかります。言葉を使うと、タイミングのずれを確認したり訂正したりすることがずっと難しいのです。

トレーニングをどのくらい続けるか

最初は5分もあれば十分です。5分間なら猫も集中できます。犬や馬なら1回のトレーニングで100回クリックすることもできますし、それでももっとクリックをせがむこともあります。しかし猫は、短時間でしか最善を尽くせないようです。トレーニング経験豊富で空腹な猫を使って長時間トレーニングしようとしても、せいぜい20回が限度であると言う飼い主もいます。

多少なりともやり遂げられたのなら、大きな前進です。スリルを繰り返すために急いではいけません。新しく学習された情報が長期記憶に貯蔵されるためには、人間でも動物でも数時間かかるということがわかっています。もう一度やってみる前に数時間、ときには一晩待ちましょう。

トレーニングを終わらせる

　理想的には、猫がまだ興味を持っているうちに終わりにしたいところです。しかし、最初のうちは、そんなことは運次第です。終わらせる前に猫が飽きてしまい、後ろを向いて顔を洗い始めたとしても、あなたへの当てつけだと思ってはいけません。猫がやめればトレーニングもそれで終わりです。すべてのものを片づけ、しばらくたってから、もしくは次の日にもう1回やりましょう。わずか2、3回のクリックしかできなかったとしても、あなたと猫は確実に進歩したのです。トレーニングを終わらせる猫の権利を尊重しましょう。もう1回やろうとして猫をおだてたり、誘い込んだり、強制しようとすることは、双方にとってフラストレーションになります。猫をその気にさせることはできないし、たとえそうしようとしても、猫はあなたの無理強いを嫌がり、結局クリッカートレーニングなんかちっとも楽しくないと思ってしまうかもしれません。

いつも食べているエサのかわりに特別な食べ物を用意すると、猫の健康のためにも興味を保つためにも役立ちます。

ターゲットのレッスンを始めたら、あなたが見ていないときに、猫の手の届く所にターゲットを置きっぱなしにしないように気をつけてください。ターゲットに触ってもクリック音がしないと猫はがっかりし、次にターゲットを取り出したときは拒絶するでしょう。経験を積んだ猫ならそんな失敗はしないでしょうが、レッスンを始めたばかりの猫は、この種の不運によって簡単に挫折してしまいます。また、ごほうびをすぐに冷蔵庫にしまいましょう。猫は新鮮ではない食べ物にとても敏感です。残ったごほうびは捨てて、レッスンごとに新鮮なものを用意しておく方がよいかもしれません。

さらなるターゲットトレーニング

遅かれ早かれ、5回もトレーニングすれば、猫はターゲットに元気よく近づき、突進し、前足でぴしゃりとたたくようになります。ターゲットを動かしても猫が追いかけてくるかどうか、試してみてください。猫に追いつかせ、触らせて、クリックを鳴らしましょう。さらに、もう少し遠く、60cm～1mくらい動かします。猫をあっちこっちに誘導できましたか？ 素晴らしい！ テーブルの上を反対側に行ったり、ソファに腰掛けているあなたの膝をまたいだりできますか？ 床の上に座っているならば、イスの足の周りを回らせることはできますか？ 猫はついてきますか？ ちゃんとできたらクリックしましょう。クリッカートレーナーがターゲッティングと呼んでいる行動を、あなたはまさに教えたのです。

ターゲッティングは大変役に立ちます。家具の上に跳び上がらせるため、あるいは跳び降りさせるために、ターゲットスティックを利用できます。遊びとして、水平に伸ばした腕をハードルのように跳び越えさせたり、イスからイスへと跳び移らせたりすることもできます。ターゲッ

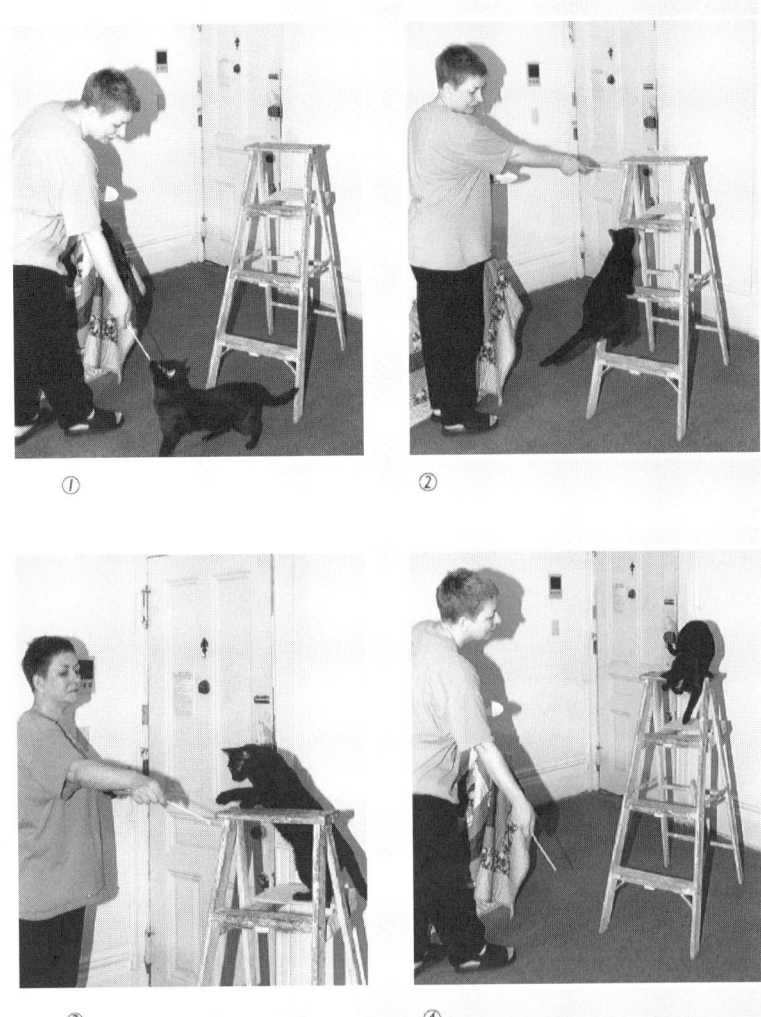

猫はターゲットを追ってほとんどの障害物を乗り越えてしまいます。
1. リナスははしご登りを前にターゲットを見つめています。
2. ターゲットを追ってはしごを登ります。
3. はしごのてっぺんを越えました。
4. 下りてきました。

トを使って追いかけっこを楽しむこともできます。猫をキャリングケースの中に入れたり、また出したりすることもできます。ターゲットスティックのかわりに指先を使うこともできるので、指を使ってあなたの好きな場所にどこにでも猫を誘導できるようになります。

　ときには、猫がしたがらないことをさせなくてはならないことも、おそらくあることでしょう。たとえば、引っ越しの日に、ベッドの下から出てきてほしい場合などです。ストレスがかかりすぎて食べ物に関心がないとしても、ターゲットなら自然とうまくいくこともあります。クリッカートレーニングをターゲッティングから始めるのがよい理由はほかにもあります。クリッカートレーニングで最初に学習した行動は、忘れにくいことがわかっています。もし初めて学習させる行動が自発的なものであるならば（たとえば仰向けになってぐるりと回転する）、あなたにクリックさせる方法がわからないときは猫はいつでもそれをやろうとします。クリッカートレーナーはこれを怠慢な行動と呼び、新しい行動を学ぶ際にじゃまになります。しかしながら、ターゲッティングはターゲットで何をさせるか、コントロールするのはあなたです。ターゲットを差し出したり遠ざけたりすることによって、いろいろの行動をさせますから、その怠慢な行動をコントロールできるのです。

ターゲッティングは、猫を家具の上に跳び乗らせるためにも使えます。

何かかわいらしい行動を教える

　クリッカートレーニングは必ずしも計画的である必要はありません。クリッカートレーニングで最も楽しいことの一つは、猫が自発的に行ったちょっとした面白い行動への報酬です。どうすればよいでしょうか？

　手にクリッカーを持って、何か面白い行動をする時間だということを知らせます。ドライフードをいつも少しポケットに入れておくか、瓶に入れて各部屋に置いておくかすれば、いつでもトレーニングできます。

　どの行動をクリックしますか？　何でもいいのです。あっ、猫が仰向けになってくるりと回転しました。さっそく、クリック！　ボールをたたいて、転がしました。クリック！　横方向にジャンプしました。クリック！　自分のしっぽを追いかけました。クリック！　タイミングをつかむためには、写真を撮るつもりになるとうまくいきます。し終わってからではなく、猫がしている最中に、カメラのシャッターを押すようにクリッカーを鳴らすのです。また、ちょっとした自然なしぐさを切り取るためにクリッカーを使うことができます。

クリッカーは、かわいらしい行動を増やすのにも有効です。たとえば、立ち上がったり、転がったり。猫は自分でそれをやります。

例えば猫が顔を洗っているとき、前足を耳の後ろに伸ばした瞬間をとらえてクリックします。すると、猫は足を耳の後ろに伸ばすことを繰り返したり、ずっと足を耳の後ろに乗せておくようになります。数回繰り返すと、猫はかすかな音を何とかして聞き逃すまいとするかのようになります（クリッカートレーニングは役に立つだけではなく、楽しいということもあなたと猫両方にとって重要なのです）。

猫が自発的にやった行動に対して、クリックとごほうびで猫を驚かせたら何が起こるでしょう？　猫は最初はわけがわからなくて、そのごほうびを食べる猫もいれば、無視する猫もいるでしょう。それでもかまわずトレーニングを続けるのです。気をつけて見ていてごらんなさい。何日かたつと、猫はあなたが狙った行動をもっとひんぱんにするようになるでしょう。やがて猫は、クリックさせようと狙ってその行動をし始めるでしょう。「見てる？　私ひっくり返っておなかを見せているのよ」「見て見て、わたし座っているのよ」。よろしい！　クリック！

クリッカーなしのクリッキング

もし猫がかわいらしいことをしているのに、あなたはクリッカーもごほうびも持っていなかったなら、どうすればよいでしょうか。舌を使ってクリック音を出すことができます。トレーナーたちはそれをマウスクリックと呼んでいます。マウスクリックはクリッカーほどの効果はありませんが、どの行動をしてほしいのかを猫に伝えることができるでしょう。たとえ本当のごほうびを取りに台所に行かなければならないとしても。教えたい行動が起こったときに、それをマークすることが重要なのです。

また、「そうよ！」とか「よし」といった言葉と、ごほうびを結びつけることができます。行動をマークするために言葉を使うことの問題点

は、われわれ人間は言葉を不用意に使いがちだということです。われわれは日常の会話で、「よし」や「そうよ」を使います。日常の会話でこの言葉を言ったときは、もちろんクリックはありませんから、それによって、この言葉は、猫にとって意味がなくなってしまいます。また、言葉はクリッカーよりゆっくりすぎて、行動をマークするにはタイミングが遅れがちです。直観に反するように見えますが、初心者であろうと熟練したトレーナーであろうと、言葉よりもクリッカーを一貫して使うことが大切です。ただ、マウスクリックや言葉はいつでもどこでも使えるので、その種のマーカーは何もないよりはよいのです。

クリッカーを恐れる：一時的な問題

　新しい音におびえる猫もいます。猫がクリッカーの音を怖がっているようならば、手のひらやポケットの中に入れて鳴らすか、一時的にタオルで包みます。バネの中のへこみの上にテープを貼って、クリック音を和らげることもできます（旧型クリッカーの場合）。テレビに向かってリモコンのスイッチを押すように、猫に向かってクリッカーを鳴らしてはいけません。そんなことをするとどんな猫でも怖がります。もし猫が逃げ出しても、クリッカーを無理やり受け入れさせようとして、追いかけたり、隠れた所から引きずり出してはいけません。クリック音を、食餌や愛撫や遊びや帰宅のようなうれしい出来事と結びつけるために、2、3日、時間をかけましょう。クリック音がうれしいことを意味するのだと発見するチャンスを猫にあげてください。いったんトレーニングを始めたら、猫は2つめの大きな発見をするでしょう。つまりあなたにクリックをさせることでごほうびをもらえるということを。そうすれば猫はクリック音が大好きになります。

ごほうびをもっと好ましいものにする

　クリッカートレーニングを始めたばかりのときは、猫が与えられたごほうびに興味を示さなかったり、1口か2口食べただけで行ってしまう場合もあります。猫がまだ、クリッカーとごほうびの関係をよくわかっていないからであったり、猫が本当に好きなごほうびが何であるか見つかっていないためだったりする場合もあります。しかし猫がごほうびを拒む最も一般的な理由は、おなかが空いていないから興味がないということなのです。

繰り返し使える、猫の好きな食べ物は、新しい行動を学習する猫の興味を保つことができます。

あなたは猫に１日中エサをあげたままにしておきますか？　エサをあげっぱなしにしておくことが、正しい与え方だと信じている人もいます。「本当のごちそう」は１日に１回か２回与える缶詰の柔らかいキャットフードで、ドライフードはいつでも食べられるようにしておくべきだと。実は、いつでもエサを食べられるということは、生物学的にみて猫にとって適切なことではありません。猫は牧場で１日中草をはむような動物ではないのです。猫は小さな獲物を捕食する動物で、１日に１回か２回の食餌が彼らの胃腸にちょうどよいのです。

　犬は与えられたものはすべてガツガツ食べますが、猫はおなか一杯になると食べるのをやめて残してしまうとこを多くの人が知っています。しかしながら、一定時間にどのくらい食べればよいのかわかるほど、猫は賢いとは思えません。猫はすぐにおなか一杯になりますが、１日に何度でもおなか一杯になることもできるのです。獣医が言うように、猫がいつでも自由にエサを与えられているかどうかはすぐわかります。そういう猫は、第１にあまり飢えていなくて、ものすごくおいしい食べ物を与えてもあまり関心を示しません。第２に肥満気味だということです。肥満体の猫は、どんなときでも食欲がないのです。もうすでにおなか一杯なのです。

　自分の猫が太り過ぎなのではなく、単に体が大きな猫にすぎないと思っているのではありませんか？　次のテストをしてみてください。両手を猫の胸の周り、ちょうど前足の付け根あたりに回すと、両手の小指がおなかの下で、両手の親指が背中の上で触れますか？　もしくは重なりますか？　両手をそのまま腰の方向にずらしていきます。両手で作った輪は後ろへずらすに従って、より大きくなりますか？　はい。それならあなたの猫は太っています。

　もしあなたの猫がどうも肥満らしいか、ごほうびに関心がないようならば、次のことを試してみてください。ドライフードを片づけます。エ

サは1日2回にします。エサを与えてから10分たったら、食べ残したものを片づけます。クリッカートレーニングは食事の前にしましょう。トレーニングのたびに、何回クリックしたかを書き留めておきます。最初の週が終わるまでには目に見える変化が表れるでしょう。

　猫の生涯、この与え方を続けましょう。今までのやり方よりも、もっと猫は長生きし、行動的で健康的になります。

クリッカートレーニングの楽しさを学んだ猫は、一生懸命取り組むようになります。

食べ物のごほうびにかわるもの

　もしかするとあなたの猫は、医学的な理由で特別な食餌を処方されていて、トレーニングに食べ物を用いることはよくないと言われているかもしれません。

　もちろんクリックと結びつけるごほうびとして、撫でてあげたり、ブラッシングといったような猫が楽しめるものを使うことができます。またおもちゃを使って遊ぶこともできます。しかし報酬としてこのような遊びを使う場合、学習の進み具合はかなり遅くなるようです。遊びは時間をとり、猫が遊び終えたり、撫で終えたりするときまでに、何をしてクリックをもらったのか猫は忘れてしまう可能性があります。その上、3、4回遊んでしまうと、強化に飽きてしまうかもしれません。

　少なくとも最初のうちは、食べ物を使うことがベストです。食べ物をごほうびに使えば、すぐにうまくいき、そのことはあなたと猫の両方にとって重要なのです。もしトレーニングがなかなか進まないならば、ゲームを理解する前に興味をなくしてしまうかもしれません。トレーニング

ブラッシングも
ごほうびとして
使えます。

遊ぶこともごほうびになります。大好きなキャットダンサーで遊ぶこともミミのごほうびのひとつです。

に使うほんの少しのごほうびは、ふだんの食餌に比べれば量は少なく、生涯にわたる活動レベルの向上や、家族と猫との関係をよくする可能性を考えれば、使ってもたいした問題はないはずです。

　もし決められた処方食しか与えられないのであれば、その処方食（スプーンにほんの少しだけのせる）を使い、トレーニングは食餌時間の直前にするといいでしょう。「自由な食餌」を維持したいならば、夜にはエサ皿を片付けて、朝一番にトレーニングを行います。もしくは、トレーニングを始める前に少なくとも3時間は、エサを与えてはなりません。

クリッカー日誌の始まり

　猫はときに、ものすごい勢いで学ぶので、各レッスンで何が起きたか、ちょっとメモしておくことは、トレーニングにとってもよいことですし、あなたのやる気を増すためにも重要です。そのメモは、食餌の問題に取り組んだときに特に役に立ちますし、始めたばかりのときは、どのくらい進歩したかを確認するために、証拠がほしいかもしれません。

　ノートの中で、トレーニングの進歩に絶えず注意しましょう。何回クリックしたか、どんな行動に対してクリックしたか、あなたが教えている行動の簡単な記録をつけることは役に立ちます。記録があれば、これまでできなかった行動が急にできるようになったときも、忘れずにクリックできて、猫をがっかりさせずにすみます。また、毎日見ていても目に見えないような小さな進歩でも、紙の上ならば、はっきりわかることもあります。ある行動をなかなか覚えられないと感じたとき、記録を見て、昔に比べればずっとできるようになっていることがわかれば、元気が出ます。

どのくらいの早さでできるようになるか？

　猫は時々、驚くほどの早さで、クリッカートレーニングを理解します。私の友人のプロのドッグトレーナーが、私のセミナーに出席し、疑心暗鬼で帰宅しました。その翌朝、2、3分間クリッキングしただけで、朝食のテーブルのまわりを、ティースプーンを使って猫を誘導できました。彼女は後に、その週の自分のセミナーを全部クリッカートレーニング方式に変えたと話してくれました。

　また、足を骨折して家にこもっていた猫の飼い主から、クリッカートレーニングを試してみることに決めたと聞きました。最初のトレーニン

グでは、鉛筆で誘導してソファを横切るトレーニングをして、それから鉛筆をターゲットとして使い、刺繍の輪を跳んでくぐらせるトレーニングをしたそうです。

インターネット上の猫のクリッカートレーニングのメーリングリストで、ある初心者が報告したことは、最初の10分間のトレーニングで、台所にある箱型の冷凍庫の一番上にジャンプし、冷凍庫の上の小さな脚立の上に体をまっすぐにして立ち、その後、犬のようにおじぎをしたということです。1時間後、彼女の夫が冷めたフライドチキンの軽食をとるために台所に行きました。ところが見よ！　猫が脚立の上で、おじぎをしているではありませんか。きっと、そのチキンの一片が欲しかったのです（飼い主は書いています。「夫は猫のおじぎを強化したのです。そうせざるを得ませんでした。だって、猫はとてもとてもかわいかったのですもの」）。最初のトレーニングで、この猫はチキンを手に入れる方法よりももっとたくさんのことを学んだのです。彼女はまったく新しいコミュニケーション方法（ニャオと鳴く時代遅れの方法よりも、ずっと人間に対して効果的なやり方）を学びました。そして成功したのです。

第2章 役に立つ行動

ターゲッティングを教えてみて、猫とのトレーニングがうまくスタートしたのであれば、クリッカーゲームの仕方も身につけたことになります。ほかに、猫に教えたいことはありますか？　クリッカーを使って猫に教えられることの実例をいくつかあげてみましょう。

1. 名前を呼んだときに（確実に）来る
2. 料理中にニャオと鳴いたり、足にまとわりついてくるのをやめさせる
3. リードにつないで外を散歩する
4. 抱き上げられるのを待つ
5. 歯や爪でひっかかない
6. 手入れしたり撫でるときに暴れない

この章では、クリッカーを使って、上にあげたような行動を教える方法を1つずつ説明し、その後で、多頭飼いをしている家庭でのクリッカートレーニングについて検討します。

　ところで、あなたの猫が抱えている行動の問題で、上記のリストに載っていないものはどうしたらよいでしょう。望ましいよい行動を教える際の基本的なテクニックと法則は、やめてほしい行動をやめさせるときにも役立ちます。そして、退屈と刺激不足は多くの問題行動の原因となるので、クリッカートレーニングによって知的な刺激を与えることで、劇的な変化が生まれます。お行儀の悪い行動がみごとになくなることもよくあります。よくみられる行動上の問題点とそれらの解決方法については、後に第4章で説明します。この章では、猫との暮らしを平穏で豊かなものにするトレーニングについて考えます。

呼んだら来る

　犬というものは、常に人間が何かをしてくれることを期待しているも

のです。だから、呼んだら来ることを犬に覚えさせるのは、とても簡単です。よく知られているように、猫というものは人間が何かをしてくれようがしてくれまいが必ずしも関心はなく、「子猫ちゃん、おいで」と呼ばれても、何時間でも無視できる動物です。もし、彼らが新しい環境に不安やおびえを感じているならば、来させることはいっそう難しくなります。あなたのところへ来たいと思っても、恐怖で動けないのです(私がかつてニューヨークのアパートに住む友人のところに行ったとき、彼女の猫が、知らないうちにドアからそっと出て行ってしまったことがありました。3階下の使われていない階段の吹き抜けにうずくまって、放心状態でどうしたらよいのかわからないでいた猫を見つけるのに何時間もかかったものです)。

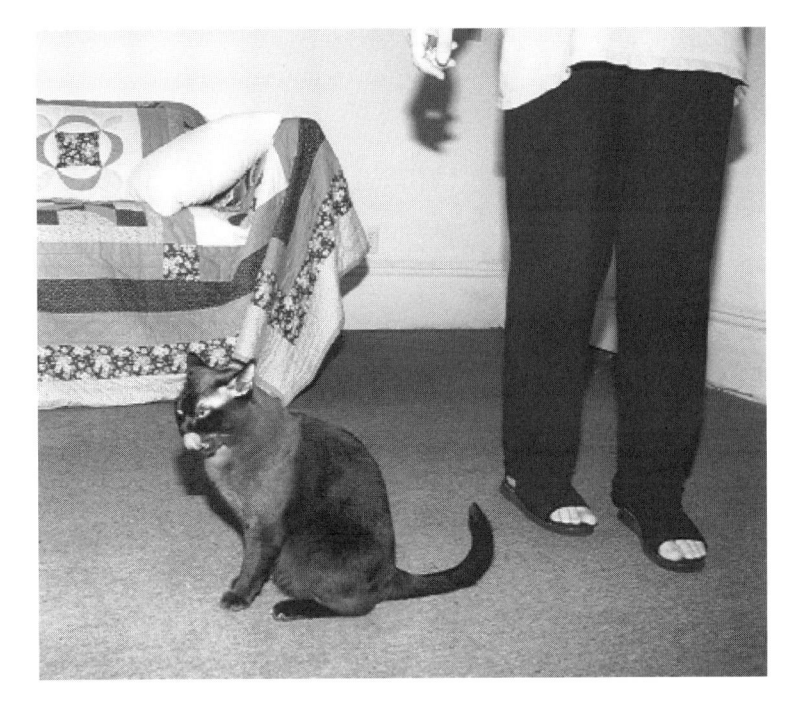

猫は呼んでも飼い主を無視するので有名です。でも、クリッカートレーニングをすれば、呼べばすぐ来るようになります。

一方、クリッカートレーニングによって賢くなった猫は、「おいで」という合図は、あなたのところに行けば、あなたが自分に何かをしてくれるチャンスだということをすでに学習しています。「私があなたの足下に行くと、あなたはすぐにクリッカーを鳴らしてごほうびをくださいます。あなたは何とよい人でしょう」と。したがって、クリッカーを使えば、何かずるい手段を使うより、確実に猫に来させることを教えるのに有利になるのです。

私はマンション住まいで、安全のために1階に住んでおり、子猫のミミを室内で飼っています。しかし、出ようと思えば、ミミが外へ抜け出せることを私は知っています。実際、私が警戒を怠らなくても、いつかは外に出てしまうだろうと確信しています。だからこそ、私がミミに最初に教えたことは、「今すぐここに来なさい」を意味する合図でした。私にとってそのことは、ミミの安全を守るための最も重要なトレーニングでした。ほとんど毎日、いろいろな場所やいろいろな状況でその練習をしました。もし、特別にミミの興味を引くごほうびを見つけたら、この最も重要な行動を強化するために使えます。

この場合、ミミの合図は「ミミ、おいで」という言葉です。トレーナーはこれを「呼び戻しの合図」と呼んでいます。ミミは自分を呼び戻す合図を聞くと、寝入っているときですら、私のところに走ってやってきます。ミミが地下室の探検に出かけたとき、ミミを見つけるためにこの合図を使いましたし、非常階段を上って同じマンション内の別の人の部屋に行ってしまったときも、連れ戻すために使いました。

合図を教える

「おいで」を教えることは、ターゲッティングを教えるのとは少し違います。ターゲッティングでは、今までやったことのない行動を形成し、

それから少しずつ、スティックについてくる行動をシェイピングしました。「おいで」を教える場合は、シェイピングする必要があるのは新しい行動ではなく、合図に対する確実な反応です。猫は撫でてもらったり、エサをもらったりするために、あなたのところに来る方法をすでに知っています。したがってこの場合は、猫が自分の都合で来るのではなく、あなたの方で猫に来てほしいときに、呼んだら来る行動を引き起こす合図を形成するわけです。

　猫を呼ぶために昔から使われてきた合図がすでにあります。固い表面を２回鋭くたたくことです。「クリッカーマジック」という、さまざまな種類の動物のクリッカートレーニングを多数収録した私のビデオでは、『アメリカン・アニマルトレーナー・マガジン』誌の創設者であり、編集長でもある、クリッカートレーナーのキャサリン・クローマーが、彼女の猫のウェンディを呼ぶために、テーブルを２回こつこつたたいています。ウェンディは視界の外から全力で走ってきて、テーブルの上に跳び乗りました。おみごとです。今では、多くの猫のトレーナーが、まったく同じ合図を使っています。私も使っています。私の犬は、「おいで」を知っていますが、ミミだけが、その２回こつこつたたく合図を知っています。おかげで、犬が飛んでくることなしに、猫だけを呼び寄せることができます。それは時として好都合なのです。

　合図は、どんな音でもかまいません。缶を開ける音を聞いて、走ってくる猫のことを考えればわかります。特定の行動（音がした方に走って行く行動）をすれば、何かおいしいものにありつけるという結果につながる印であれば、どんな音でも合図になります（行動を引き出す合図を作り上げる方法は、第３章の「行動に名前をつける」参照）。

　呼び戻す合図は、あらゆる機会において維持し、強めていく必要があります。呼び戻しの合図を出したからには、必ず、それに応えてやらねばなりません。猫が来たら、すぐにごほうびをあげるか、少なくとも撫

クリッカートレーニングによって猫は、何をしていても呼ぶ声にすぐ応えるようになります。たとえ、金魚に夢中なときでも。

でてやる必要があるのです。言葉、こつこつたたく音、あるいは何かほかの合図のどれを選んでもかまいませんが、いつも1種類の同じ合図を使うこと、そして合図は1回だけ出すことが重要です。猫が来るまで4回も5回も合図を繰り返したり、4、5回目の合図でようやくやって来てもごほうびをもらえるなどということを、猫に覚えさせてはいけません。

　家の中でいつもの生活をしながら、合図をより強力にすることができます。猫を呼び戻す機会があるときはいつでも、猫があなたの方に来るように合図を与えて、猫が来たらクリックします。仕事を終えて帰宅したとき、猫に夕ご飯を与えるとき、クリッカートレーニングを始めたいときなどです。やって来たら、クリックして、ごほうびをやります。呼び戻す合図を出し、猫が走ってやってきて、猫があなたの方へ走っている最中にクリックして、最後に猫に何かよいことが起こる（ごほうび）、という一連の流れをいつも作ることです。そうすれば、その合図はどんどん強力になります。もちろん、ごほうびは食べ物である必要はありません。新しいおもちゃを与えたり、一緒に遊んであげることも、呼んだらすぐ来ることに対するすばらしいごほうびです。

　飼い主を無視することに慣れている高齢の猫を飼っているのなら、呼

び戻す合図を教えるのは時間がかかるかもしれません。そういう猫は、これまでだまされてきた経験を持っています。「猫ちゃん、おいで」という合図は、行けばおいしいチキンのレバーがもらえる合図なのではなく、獣医のところへ連れて行かれる合図だったかもしれません。そういう場合は、これまで使ってきた言葉ではなくて、新しい合図を使う必要があります。キャサリンの「こつこつ２回」を使ってみましょう。２、３日たつうちに、合図に対する反応が強くなり始めるのがわかるでしょう。猫は前より頻繁に来るようになりますし、前よりすぐに来るようになります。そして走ってくるようになります。

　「おいで」の合図は、また面白いゲームに役立ちます。小さなアパートの中ですら、猫とかくれんぼができます。洋服ダンスに隠れて合図を出し、猫があなたを見つけ出せたら、クリックとごほうびをあげます。もっと難しい場所でもやってみましょう。子どもや友人も一緒に加わり、交互に合図を出し、猫を行ったり来たりさせるのです。誰が鳴らしてもクリッカーの音は同じですから、猫はすぐに新しい人のクリックを"信じ"、すぐに反応するので、一緒に遊んでくれた人はすごく喜びます。ほかの人たちを巻き込むことは誰にとっても楽しく、同時に猫が信頼する友人の輪を広げるのです。

　ゲームをいきいきとしたものにしておくために、猫の方でやめたくなる前に中止するようにしましょう。猫にとっては、１回から３回ぐらいの呼び戻しが、すごく面白いトレーニングであることを忘れないことです。もし猫がだれてきたら、トレーニングをやめるか、もう少し楽しい工夫をします。たとえば、はじめはあなたとお友達が60cm〜１mくらい離れ、「おいで」の合図で２人の間を行ったり来たりさせたら、次は部屋と部屋の間を行き来させ、それから家の中のある場所からある場所へ行ったり来たりさせます。ときどき猫缶やキャットニップス（イヌハッカ、猫が酩酊反応を示すハーブ）の匂いのような、びっくりするよ

うなごほうびを使います。猫に勝ち続けさせることが重要です。ゲームを難しくしすぎて、クリックを得るチャンスがなくなるようなことがないようにしましょう。しかし同時に、猫に考えさせ続けることも大事です。「次に人間たちはどんなことを仕掛けてくるだろうか」と考えさせることは、猫にとってもよいことなのです。

　もし猫を2匹以上飼っている場合は、1匹だけに集中します。ただし、ほかの猫が合図に気づいて反応したら、ほかの猫にもごほうびをあげましょう。猫はお互いを観察しながら学ぶことが大好きです。ですから、1匹教えるだけで、2匹とも学びます。ところで、猫を呼ぶための合図として、クリッカーを使ってはいけません。確かに、はじめのうちは効果があります。猫はクリッカーゲームをしたいので、クリックの音を聞くと走ってきます。しかし、もしクリック音を「おいで」の合図として使ってしまうと、ほかの行動を強化するための力を弱めてしまいます。そばに来さえすれば簡単に強化されることを猫は期待して、新しい行動を学ぶかわりに、おねだりを始めるかもしれません。

じっと座っていてちょうだい：
おねだりにかわるもの

　私が飼っていた猫は、皆ありとあらゆる方法で、私に食餌の準備を催促したものです。準備をしている間中、ニャオと鳴いたり、足にまとわりついたり、つまずかせたり、行く手に立ちふさがったり。いまいましいったらありゃしない。その昔、私の娘のゲイルが14歳のとき、台所に入って来て、床の上をうろうろし、特にいらいらさせる猫を蹴飛ばすしぐさをしながら、私に怒鳴りました。「ママ！」、彼女は叫びました。「ママは何やってるのよ。ママは動物のトレーナーでしょ！」。事実そのとおりなのです。われわれイルカのトレーナーは、罰を与えることは不必

要で、罰はほとんど何ももたらさないことを知っています。マーカーシグナルとごほうびを使えば、どんな行動も確実に教えられることを知っています。それでは、どうすれば正の強化を使って、この迷惑な猫の行動をやめさせることができるでしょうか。

　私の解決法は、その猫（それ以来、私が飼った猫すべて）に、食餌を待つための決まった場所を与えることでした。猫がやるべきことは、私がクリックするか、「OK！」と言って、エサ皿を置いてやるまで、その場所にじっと座っていることです。

　この行動を猫に教えることは簡単です（犬に教えるよりは難しいですが）。やり始めた初日からうまくいきます。夕ご飯のときを狙いましょう（決まった時間に猫にエサを与えるのがよいのです。猫は、胃でも頭の中でも、夕食を楽しみに待つようになるからです。その時間に食べ物にありつくためには、新しいことを喜んで学ぶ気にさせられるからです）。

　猫の夕ご飯を用意して、それを脇へ置いて、ごほうびを取り出します。これから与える夕ご飯の一口をごほうびにしてもよいし、あるいははじめは何か特別なごほうびにしてもかまいません。猫からあなたが見えて、なおかつ、夕ご飯のしたくの邪魔にならない場所を選びます。たとえば、台所のスツールをお勧めします（スツールの上のような高さのあるところですと、猫は床の上にいるより安心します。猫は人間が何かしているところを見たり、まわりを見渡せる高い場所が好きなのです）。

　猫を持ち上げてスツールに乗せてはいけません。そんなことをすると、猫は持ち上げられるのを待つ以外、何も学びません。そのかわりに、猫を誘いこむために、ターゲットやエサを少々使います。スツールの上に跳び上がった瞬間にクリックして、ごほうびを与えます。一呼吸おきます。3つ数えます。猫がまだスツールの上に座っているならば、また、クリックしてごほうびを与えます。猫が食べ終わってから、5つ数えま

しょう。猫はまだ座っていますか？ 5つ数えてもまだ座っていられたら、再びクリックしてごほうびをあげます。

　これをしている間、猫に話しかけてはいけません。そして、最初の2、3回のクリックの間は、動いてもいけません。ごほうびがいつもらえるか、声や身振りで、猫にヒントを与えてはいけないからです。心の中で数を数えながら、15秒間じっとしていられることを目標に、時間を少しずつ延ばしていきます。ときには、3秒待っただけでごほうびをあげて、猫を驚かせてごらんなさい（だんだん時間を長くしていくばかりでなく、途中で時々、短い待ち時間でごほうびをやるのはよいことです。だんだん難しくなる一方だと猫に思わせたくはありません）。少し待った後に、クリックして、ごほうびを与えるかわりに、床の上に夕ご飯のお皿を置いて、後ろに少し下がり、猫に食餌をとらせましょう。

　それが最初のレッスンです。次の食事の時間にも、このレッスンを繰り返します。しかし、キッチンカウンターに置いてあるものを触ったり、冷蔵庫を開けたりしながら、時々猫から離れましょう。「私が台所のどこにいても、何をしていても、クリックをもらうには、スツールにじっと座っていなさいよ」と、猫に伝えるわけです。もし猫がスツールから跳び降りたならば、また跳び上がるように誘導し、スツールの前に立って、もう一度数を数え、待っていられたら、クリックしてごほうびを与えます（間違えた後にルールを教え直したいときは、待つ時間を短めにします。3秒、5秒、それから10秒。簡単にうまくいくようにしてやれば、猫はすぐに新しいルールを理解できるようになるのです）。

じっと座っている時間をだんだん長くしていくこと

　この行動を訓練すると、クリッカートレーニングをさらに洗練させられます。行動の持続時間を長くできるということです。猫はスツールの

上に座っている方法をすでに学びました。あなたがやるべきことは、座っている時間を少しずつ長くしていくことです。このトレーニングを秩序立てて行えば、最初の２回のレッスンで、「時々、長く待たなければならないときもあるけれども、あなたがそこにちゃんと座っていれば、私はいつでもあなたにごほうびをあげますよ」ということを、猫に伝えることに成功します。

　その後は、猫を実際にずっと見張っていなくても、台所で食事のしたくをしながら数を数え、時々猫をちらっと見てクリックし、「おりこう猫ちゃん」といったようなほめ言葉を言いながら、時々小さなごほうびをあげるのです。ほとんどの猫は、時々もらえる小さなごほうびを待ちながら、本当の夕ご飯という大きなごほうびを与えられるまで、そこに座り続けます。猫は待つということを理解できます。なぜなら、待つことは、猫が獲物をとるときにする行動の一つだからです。だから、ある場所に行き、そこで待つことは、ひとりですぐにできるようになる行動なのです。

　もし猫がスツールの上でニャーニャー鳴いたり、騒いだりしたらどうしましょう。その行動を偶然に強化しないように気をつけてください。鳴きやんだり、静かになった瞬間にクリックします。それも、猫が体を動かしているときではなく、じっとした瞬間にクリックします。普通、偶然に強化しさえしなければ、おねだり行動はしなくなり、静かに座っているようになります。まもなく、猫は待つ行動を完全に会得します。「この場所に静かに座っていれば、飼い主が私に夕飯をくれる」、と。これができれば、次は、途中であげる小さなごほうびがなくても、たった一つの強化、つまり、大きな夕ご飯だけで待つ行動を維持できるようになるのです。

　数週間か数カ月後には、あるいは（そのほうが可能性が高いですが）偶然別の行動を強化してしまった後は、あなたが「OK！」の合図を与

える前に、猫は跳び降りてしまい、待つ行動は少し崩れるかもしれません。その場合は、レッスンの最初に戻り、もう一度行動を立て直せばよいのです。猫がスツールに座っている間に、ときどき、「よし！」あるいは「おりこう猫ちゃん」と声をかけながら、小さなごほうびをあげ、最後に1回クリックします。

　その、「そこにじっと座っていてちょうだい」の行動は、猫はじっとしているだけなのですが、見ているだけで面白いものです。猫を蹴飛ばした例の不名誉な出来事から数年後、私のニューヨークのマンションには3匹の猫がいました。娘のゲイルが飼っている美しいバーミーズ種のトスカ、子猫のときに息子のマイクが道端で拾ってきたオレンジ色の野良猫ビービー、地元のシェルターから引き取った無愛想なメスの黒猫のマノンです。私が夕方6時頃立ち上がって台所へ向かうと、3匹の猫はそれまでどこにいようと、それぞれの場所から電撃のように現れて、私より前に台所にダッシュし、自分が座るべきスツールにドスンと音を立ててぶつからんばかりの勢いで突進したものです。

　そして、私がフードボールを取り出し、缶を開けて、ビタミン類や残り物を加えてかき混ぜ、3匹分に分け床の上に置き、最後に「OK」と言うまで、その場所に座っていました。「OK」を聞くと、床を蹴って、心待ちにしていた夕ご飯を大急ぎで食べ、食欲を満たしたものでした。

　もちろん、じっと座っている猫でさえも強い感情を表出できます。私が猫たちの食餌の準備をしている間、3匹の目は一心にひたと私を射抜き、私にもっと急いでしたくをしてほしいと言わんばかりでした。「早く、早く、もっと急いで」と。彼らが、夕ご飯という大きなごほうびを得るためにじっと耐えている様子は、楽しく、感動的でありました。ほかの時間に調理をしているときも、私におねだりしたり、うるさがらせたりはしなかったのです。毎日夕方6時ちょうどかその頃、私がエサを与えることを信じていました。そして彼らは正しかったのです。

リードをつないで散歩させること

　著名な獣医で、行動学者のニコラス・ドッドマン医師は、彼の著書『助けを求めて呼ぶ猫』の中で、自由に外に出かけられることこそが、猫にとって本当に幸福なのだと繰り返し書いています。不幸にして都会に住んでいる場合は、それはしたくてもできません。郊外や田舎に住んでいるとしても、交通事故やライバルの猫たち、野良犬、コヨーテ、そしてもちろん寄生虫感染、ノミやダニ、伝染病の猫からの感染の危険がつきものです。

ハーネスをつけて散歩
　1、2　初めてハーネスをつけて外出。行動を邪魔しないようについていきます。
　3、4　危険な方へ行くときは立ち止まります。猫が自分から向きを変えて、ピンと張ったリードがゆるむまで待ちます。

理由がどうであれ、もしあなたの猫が室内で飼われる運命だとしても、新しい経験の喜びを味わうためだけに、時には外に連れて行きたいこともあるでしょう。散歩に連れ出す安全な方法の一つは、リードでつなぐことです。猫はリードを受け入れないと、人々は決めてかかっています。しかし実際のところは、犬のようには扱えないというだけのことです。リードにつないで、言葉で命令し、悪いことをしたら首輪をぐいと引いて矯正する方法を使って散歩を訓練する伝統的な犬の訓練法は、猫にとっては悲惨なものなのです。嫌悪的な刺激に対する猫の反応は、暴れるか逃げ出すかであり、訓練そのものを憎悪し、怖がることをすぐに覚えます。また、猫の首は犬の首よりずっと傷つきやすいのです。猫の首輪をぐいと引っ張ったりすることは、猫を苦しめるだけではなく、危険なのです。散歩を教えるには、ほかに方法があるのです。

　室内で飼っている猫を外に連れ出す前に、予防接種をしたかどうか確かめてください。また獣医に、ノミの駆除剤について相談した方がよいかもしれません。それからハーネスを用意しましょう。ほとんどのペットショップでは、猫やフェレット、ほかの小動物にぴったりの、柔らかいナイロン製のハーネスを売っています。ハーネスは簡単に調節がきき、猫にもきわめて快適のようです。多くの猫は、はじめから難なくハーネスを受け入れ、かなり早くハーネスに慣れる猫がほとんどです。

　次に、ハーネスに2メートルくらいの軽いリードをつけて、リードを引きずりながら、しばらく家の中を歩かせてみましょう。しまいには、そのリードは何かに引っかかってもつれます。あなたも並んで歩き、もつれをほどいてあげてください。ほどいたら、再び自由に動けることを猫に伝えるために、クリックするか言葉をかけてもかまいません。あるいは、自分で歩き出すまで放っておきます。

　まもなく猫は、リードが害を及ぼさないことが、すっかりわかるでしょう。しかし、リードがピンと張ったら止まらないといけないこと、少な

くともリードの長さの範囲内にいなければならないことを覚えます。また、猫はあなたのことを、再び自由に動けるようにしてくれる不思議な能力を持った人だと思うようになります。数日間、あるいは猫が完全に快適であるように見えるまで、短時間(15分)、この練習を繰り返します。

　はじめての外出では、リードを手に持ち、未知の冒険に出かける猫の後をついて行きます。もし、猫が立ちすくんだり、家の中に走って戻りたいときはそうさせます。最初の練習はそれでいいのです。もし、猫が身を屈めてじっと何かを見つめているならば、それでもかまいません。あなたがリードを持っているので、猫は安全です。リードを持っていれば、猫がパニックになったとしても遠くに逃げることはできませんし、観察したり、においを嗅いだり、聞き耳を立てたりすることで、新しい世界について学んでいるところなのです。猫が探検を始めたなら、すばらしい。さあ、一緒に出かけましょう。はじめての散歩でどこに行くかは、猫にまかせましょう。

　もし、安全とは思えないような場所、たとえば、家の縁の下や、道路の真ん中のような場所を冒険しようとしたならば、ただ立ち止まって、リードをピンと張ったままにし、自分から方向転換するのを待ちます。それから、クリックしたり、ほめ言葉を使ったりして、再び歩き出しましょう。散歩を始める前に、リードをつけて室内を歩く練習をするのは、リードに抗うのを防ぐためなのです。

　猫がこれに慣れたら、もっと長いリードを使い、かなり行動の自由を与えられます。前米国大統領のクリントン一家は、ソックスという名前の飼い猫に、9メートルもある軽いリードをつけ、ホワイトハウスの庭を散歩させていました。それは、猫が自由を満喫できるのに十分な長さです。そして、非常事態のときには、猫が全力疾走するのを止めるためにリードを踏めば、首輪のように猫を傷つけることなく、非常事態のショックを、ハーネスは吸収することができるのです。

アトランタに住むティンズレイ・ジンは、彼女の猫を家の中でリードに慣らしてから、散歩に連れ出しました。ティンズレイは、ただ猫の後をつけていくだけでなく、猫が自分の方に戻ってきたり、自分と一緒に歩くと、クリックしてごほうびを与えました。ティンズレイの猫は、今ではまるで犬のように、彼女の前を元気よく歩き、最近聞いたところによると、猫との日課の散歩を3ブロック先まで延長したそうです。

抱き上げる合図

時には、猫を抱いてみたくなったり、抱き上げなくてはならない場合があります。まず、猫にやさしい方法で抱き上げることを覚えましょう。猫が予期しないときに、体の真ん中をぎゅっとつかんで、4本の足をぶらぶらさせたまま、猫（や子犬）をつかみ上げる人たちがいます。そんなやり方を好む動物はいません。猫は人間にされるいろいろのことを我慢しているので、時には、乱暴に抱かれることぐらい我慢する場合もあります（服従が人間の家に住むために支払う代償なのです）。しかし、手が近づいてくるのを見た瞬間、走って逃げ出すようになる場合もあります。

安全に支えられていると感じられれば、抱かれるのを喜ぶようにクリッカーでトレーニングできます。

そうではなく、いつも両腕で体全体を持ち上げて、足を支えてやれば、足をばたばたさせたりしません。もし、それでも抵抗するならば、クリックとごほうびで、これを矯正する方法があります。週のうち何回か、特に夕ご飯の直前が最適ですが、猫を抱き上げて、少しでも猫がリラックスする様子を見せたらクリックし、すぐに猫を解放して、ごほうびを与えます。やがては、抱かれてもリラックスしていることへの強化として、クリックとごほうびのかわりに、撫でると喜ぶところ、たとえばあごの下などをやさしく撫でてあげることが強化になります。抱き上げて、だっこするのを受け入れてくれるようになったら、次は抱く前に、「だっこの時間よ」といった言葉を合図として加え、猫に心の準備をさせることができるようになります。そうなれば、抱き上げられることは合図のある行動になり、猫は合図を聞くと反射的に立ち上がり、抱き上げられるのを待つようになります。

外で危険に直面したときや、獣医師の診察室のようなストレスのある環境にいるとき、これから抱き上げるけれども、抱いても腕の中で静かにしていてねと、伝えることができるようになります。引っかいたり逃げられたりするより、猫がその合図を信じて、喜んで安全に抱かせるのはよいことです。

爪を立てない

「何とかしてください。私の猫は乱暴すぎます。私を引っかいたり、噛みついたりするのです」。獣医はいつもこういう訴えを聞かされています。実は無意識のうちに、このような行動を強化してしまっている人たちがいます。そういう飼い主は、猫に罰を与えようとは思わないので、遊んでいるうちに噛みついたり、引っかいたりしても何もしません（恐怖や怒りによって引っかく場合については、第4章「問題と解決法」参

照）。人間の方もまた遊んでいると思い込んでいる猫は、人間を怒らせているとは気がつかず、引っかいて血が出るほど、どんどん乱暴になっていくこともありえます。

　猫はほかの猫と遊ぶように、人間と遊びます。青年期や成猫期に近づくにつれて、遊びはもっと荒っぽくなる可能性があります。人間は皮膚を保護する毛皮を持っていませんが、猫はそんなことはわかりませんから、それを猫に教えてやる必要があるのです。次のように教えます。猫があなたの皮膚に爪や歯を立てた瞬間、立ち上がって、猫から離れます。つまり、爪を隠してやさしく触ればもっと遊んであげるけれども、引っかいたり噛みついたりすれば遊びは終わりだ、ということを教えてやるわけです。そうやって教えれば、猫の気分を害することはありません。

　奇形による多指をもつメイン・クーンなどのような猫は、時には爪を引っ込められないことがあります。しかし、ほとんどの猫は、自発的に爪をコントロールしています。彼らは必要に応じて爪を出したり、逆に爪を出さずにいることを完ぺきに学習できます。人間が猫を優しく抱き上げることを学ぶのと同じように、猫は人間と遊ぶときは、爪を引っ込め、口を閉じて歯を出さないことを学ばねばなりません。猫が爪を立てたり噛んだりしたら、猫の行動に対して何らかの「結果」を与えます。ただし、罰ではなく、爪を立てたり噛んだりしたら、遊びをおしまいにするという結果です（訳注：タイムアウトのこと）。もし、猫が人間のそばにいたいなら、人間には優しく触らなければなりません。爪を隠した足で膝に乗ってくるときや、爪を隠して手を優しくたたくときは、ほめてかわいがりましょう。もし、爪を出したまま膝に乗って来たら、床に戻します。

　いろいろな場面で爪を引っ込めて触ってきたら、ほめたり、優しく撫でたり、クリックとごほうびを与えることができます。爪を立てずに肩に乗ってきたとき、爪を立てずにおもちゃで遊ぶとき、あなたの洋服、手、

毛布の下のあなたの足に、爪を隠して触ってきたら、そのまま遊びを続けたり、さらには、撫でたり、クリックとごほうびでほめてあげればよいのです。一方、荒っぽい遊びを大目に見て、もっと荒々しい野性的な行動を許すならば、あなたはもっと荒々しくすることを猫に教えていることになるのです。どちらを選ぶかはあなた次第です。

手入れをしてきれいにすること

　たぶん、あなたの猫は、かわいがられたり、ブラッシングされたりすることをすでに喜んで受け入れていることでしょう。しかし、触らせようとしない体の部分がいくつかありませんか？　たとえば、多くの猫はおなかを撫でられることに抵抗を示します。もし、いつか猫がおなかにケガをしたり、おなかの皮膚の下でゴーゴーという音が聞こえたらどうしますか？　歯に糸やワイヤーが巻き付いたり、あるいは骨折したり、爪からの出血があったとしたら？　腫れているのに気づいたら？　あなたは診察してほしいと思い、少なくとも猫を獣医のところに連れて行き、「診てください」と言うでしょう。もし、触られるのを嫌がる猫であれば、どこが悪いのか調べてもらうためだけに、麻酔をかけなくてはなりません（「麻酔が必要なときもあるのです」と、獣医はあなたに告げるでしょう）。

　そういうわけで、猫の口を開けて中をよく調べたり、足を手に取って調べたり、上下にひっくり返して抵抗なしにおなかを触ることなどを含めて、徹底的に猫に触れるようにしておく必要があるのです。たとえばブリーダーのように、猫と長い付き合いのある経験豊かな人々は、「動物がかなり小さいときから、抱き上げたり、おろしたり、全身を手で触れてひっくり返したり、口の中を診たりなどしていく」と言います。そうすれば、猫が生後6週間になるまでに、触られることは生活の一部と

なり、おそらく（理想的には）、楽しみにさえなるのです。

　しかしながら、もしあなたの猫が触られたりすることにまだ慣れていないならば、クリッカーが助けになります。今こそ、クリッカーが食べ物を意味するだけでなく、それ以外のよいことをも意味するのだということを教えるよいチャンスです。あなたの猫が撫でられるのが一番好きなところを探します。あごから胸にかけて、あごの下がよく知られているところでしょう。背中にそって頭からしっぽにかけてもよいでしょう。しっぽの付け根も大好きな部分です。耳の後ろをかかれるのが好きな猫もいます。背中や両足の腿の大きな筋肉にそって優しくマッサージされることが非常に好きな猫もいます。これをするには両手が必要なので、クリック音を口で、あるいはほめ言葉を使って強化するとよいでしょう。

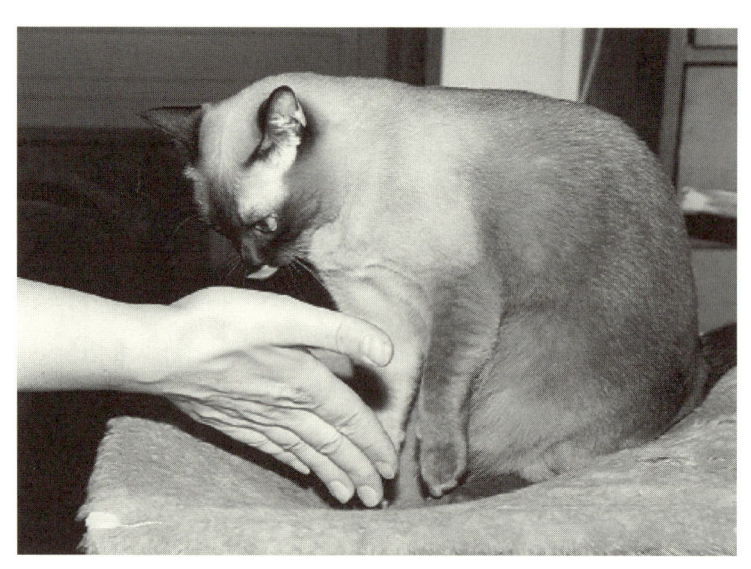

猫の前足に触る習慣は鉤爪(かぎづめ)を引っ込める練習の第一歩です。

さあ、猫が静かに膝の上にいて、猫もあなたもリラックスしているときに、いつもは抵抗する部分である足や口をほんの少し触り、それからクリックして、すぐに今度は猫のお気に入りの部分を撫でましょう。これは、テレビを見ながら、膝に猫を乗せて遊ぶ素敵な夜のゲームなのです。足をつかんだり、口の中を触ったとき、ほんの少しでも筋肉をリラックスさせた瞬間、クリック音やほめ言葉を与えましょう（耳を触ると嫌がる場合、耳の感染症にかかっている可能性もあります。耳を撫でるのを嫌がるならば、獣医師の診察を受けてください）。

クリックするときは、ほめたり撫でたりする以外に、抱いている手をゆるめたり、あるいは完全に手を離したりして、圧迫感から解放すべきです。圧迫感からの解放は、抵抗しなかったことに対するごほうびの一つです。猫はリラックスすることにより、ちょっとの間、敏感なところに触れるのをやめさせることができるとわかるのです。そうなれば、あなたがますます自由に猫のお手入れをする間、ますますリラックスすることを学びます。

触られてもリラックスさせます。ミミは爪を切られることを楽しんでいます。もうクリックは要りません。

お手入れを覚えさせることが役に立つ効果は、一つには、猫の爪を切ることができるということです。数日おきに私は、夜のニュースを見ている間に、伸びるのが早いミミの爪のとがった先端を切っています。ミミは爪の手入れは得難い楽しみだとみなしているようです。ミミのリラックスした柔らかい足はとてもかわいいですし、洋服に穴をあけたり、私をちくりと刺すことをかなり減らせるので、私もまたとても楽しんでします。

多くの猫をトレーニングすること

もしあなたが2匹以上の猫を飼っていたら、以上すべてのことをどうしたらよいでしょう。猫のクリッカートレーニングの開拓者であり、オンライン・キャットクリッカーリストの所有者であるウェンディ・ジェフリーから、よいアドバイスがいくつかあります。

複数の動物を飼っている場合は、私はいつでも、犬であれ、猫であれ、あるいは鳥であれ、その中で、食べ物に対する動機づけが最も強い動物から始めることをお勧めしています。一番熱心な動物を教えることで多くのことを学ぶとともに、後に、(それほど熱心でない) ほかの動物たちを上手に教える練習になるからです。

最初の子猫のトレーニングのときの失敗がよい教訓となり、次の猫に対しては、経験を積んだトレーナーとなれるのです。クリッカートレーニングで初めは失敗したとしても、もっとトレーニングを繰り返せば、普通は簡単に修正できます。それこそがクリッカートレーニングのよいところなのです。罰に基づいたトレーニングにみられる否定的な結果は何一つありません。起こりうる最悪の事態と言えば、そのつもりはないのに、うっかり何らかの行動をトレーニングしてしまうかもしれないということです。たとえば、普通のお座りを教えるはず

だったのに、両前足をあげてお座りをする「かわいいお座り」を強化してしまうなどです。しかしそうだとしても、もっとクリッカートレーニングをすれば直せます。

　ほかの猫たちに邪魔されずに教えるために、はじめから訓練を受ける猫をほかの猫たちから隔離しておく必要があるでしょう。私の場合は、ドアを閉めて台所でトレーニングすることが多いです。もっと注意を集中するために、バスルームを使う人もいます。ウェンディ・ジェフリーは階段を使い、猫より２段低いところに座ってトレーニングしています。猫を集中させるには、毎回同じ場所でトレーニングすることが大切です。トレーニングをしないほかの猫たちをクレートに入れたり、ほかの部屋に閉め出してもかまいません。ほかの猫たちがクリック音を聞いてあわて出したとしても気にしないでください。クリックが誰にとって重要であるのかは、誰がごほうびを得ているかによって彼らはわかります。
　あなたの猫が新しい行動を本当に身につけたならば、ほかの猫が周りにいても、その行動をやるよう要求してもかまいません。猫は、ほかの猫を観察することによって学べますから。飼い猫の一匹にスツールの上に座っていることや、ベルを鳴らしてあなたにドアを開けさせることを教えてごらんなさい。そうするとほかの猫たちは、教えなくてもまねするかもしれません。もし、まねする様子を見せたら、あなたのすることは、クリックしてごほうびをやることです。それはイルカのトレーナーがいつも使っている手っ取り早いトレーニング方法なのです。
　イルカと同じように、猫はほかの猫を観察することによって新しい行動を学ぶことがあります。しかしイルカと違い、観察によって合図を自発的に覚えることは猫にはできそうにありません。これをやりのけるには、以下の２つの方法があります。まず、最初にトレーニングする猫に合図を教えます。たとえばトンネルをくぐらせるとき、「トンネル」と

言葉で合図します。そしてトレーニング中の猫のまねをして、トンネルをくぐった猫がいたら、その猫たち全員にごほうびをやります。第2の方法は、めいめいにまず正しい行動を学ばせてから、別々に合図を教える方法です。

　私の場合は、何か新しい行動を教えるときは、いちどきに1匹の猫に対してだけトレーニングします。しかし、すでに知っている行動をさせるときは、すべての動物に同時に合図を1回出し、それに従えば、クリッカーを1回鳴らし、全員に1つずつごほうびを投げてやります。たとえば、飼っている犬2匹と猫1匹の3匹に対して、いっせいに「お座り」の合図を出し、全員にお座りをさせるときなどです。あなたの猫すべてがいっせいに合図に反応すると、家に遊びに来たお客さんは驚くでしょうが、お互いにまねをすることによって学ぶことは、猫にとってまったく自然なことなのです。「コピーキャット」という言葉は偶然ではないのです。

第３章　楽しいお遊び

クリッカートレーニングされた猫

　クリッカートレーニングされた猫は、ほかにどんなことができるようになるでしょうか。クリッカートレーナーのウェンディ・ジェフリーは、猫にクリッカートレーニングしている人々のために開設した、インターネット上のメーリングリストの管理人です（このメーリングリストに関しては第5章の「資料」参照）。以下は、リストに参加している人たちが、猫に教えた行動の一例です。たとえば「決まった場所でくるくる回る」「ハイタッチ」（両前足をあげて飼い主の手にタッチする）「かわいいお座り」（お尻を床につけたまま上体を起こして前足をあげる）「マットを探して横たわる」（もちろんマウスパッドでもよい）「そこにいて」（開け放したドアから走って出ていかないようにしておくときに特に役に立つ）「降りなさい」「ボールを取ってくる」「ハードルを跳び越える」「食器棚を開ける」（前足を引っかけて開ける）「ドアや引き出しを閉める」（両

猫がハイタッチをするのを見るととても感動します。でも簡単な動作ですので、一度マスターすると猫は両手でタッチできるようになります。

前足で押す)「寝転がって一回転する」。そしてもちろん、第1章と第2章で取り上げた行動もです。

　猫はすばらしく機敏で、スピード感あふれた運動が大好きです。カーペットの細長い切れ端を壁に鋲で止めておき、天井まで駆け上がって、そのまま後ろ向きに降りてくることを猫に教えた飼い主もいます。馬の調教師であるパット・ブリューイントンは、クリッカーを使い、合図をすると、みごとに冷蔵庫の上に跳び上がることを飼い猫の1匹に教えました。もう1匹の猫は、人間がハンドバッグの中に入れた車のキーを探すように、台所のテーブルの上に置いた小さな瓶に前足を1本突っ込んで、中身を探すしぐさを覚えました。それを見て、来客は誰しもなぜか笑いが止まらなくなります（クリッカートレーニングを始めると、やめられなくなる人も少なくありません。パットもまた、納屋にいる3匹のネズミにまで、樽のふたの周りを走り回ることを、とうもろこしを使って教えたほどです)。

　クリッカーでトレーニングされた猫は、犬ができるほとんどすべてのことができます。捜査犬のクリッカートレーニングの開拓者であるシアトルの警官のスティーブ・ホワイトは、パトロール中のジャーマンシェパードのように、匂いで人間を追跡することを猫に教えました。「まあ、追跡というほどではなく、50mくらいですけどね。でもそれくらいの距離までなら、確実に悪い奴を見つけられます」（トレーニングし始めの頃は、人が通った跡にツナの匂いをつけて練習したと、打ち明けてくれましたが)。

猫のアジリティ競技

　障害物競走などのアジリティトレーニングは、最近人気が出てきた犬のスポーツですが、これは猫にもとても向いています。猫は傾斜の急な

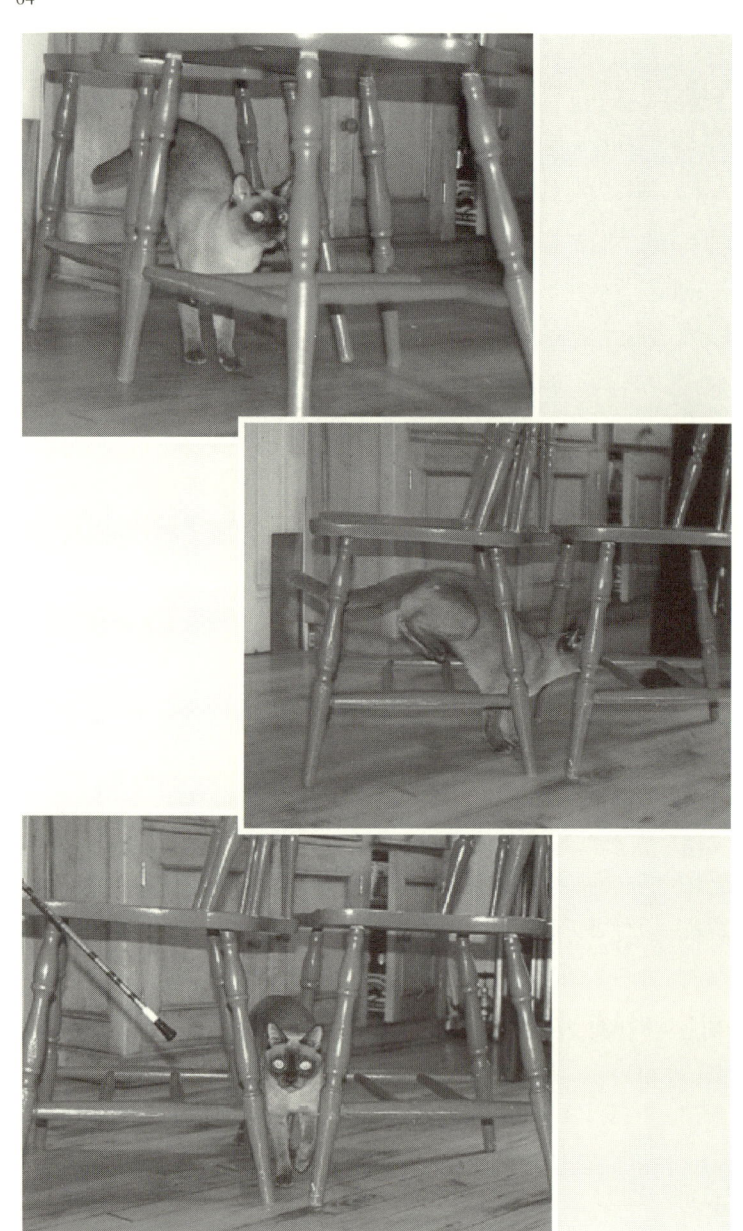

猫のアジリティ　イスの脚の桟を跳び越え、狭い場所を通り抜けます。これはターゲット行動に基づく簡単な運動です。

Aフレーム（訳注：三角屋根の形をしたすべり台のようなもの）を登り降りすること、トンネルを通り抜けること、ハードルをいくつも跳び越えること、ポールの列をジグザグに進むことをたやすく覚えます。部屋の中に障害物を置いて遊べます。まず、イスの下をくぐらせ、次に足付き台を跳び越させ、それから、ごみ箱に入って、出る、などなど。ターゲットスティックで誘導して、全コースを駆け抜けたらクリックしましょう。『アメリカン・アニマルトレーナー・マガジン』誌のキャサリン・クローマーは、私が制作した「クリッカーマジック」というビデオの中で、猫にアジリティをさせています。猫はわずか数秒で、全コースを走り抜けています。そのビデオでは、アジリティトレーニングの各パートを最初にどう教えていくかも見せてくれます。最初はおもちゃの家の中に入り（最初に前足でドアを開ける）、布のトンネルを通ってその家から出ることを教えています。その様子は実にためになります。猫の好奇心と知性と熱心さは、カメラを通じてさえいきいきと伝わってきます。

　スウェーデンに住むプロの犬のトレーナーであるジャン‐エリック・アンダーソンは、2匹の子猫を手に入れて、両方にクリッカートレーニングしようと思い立ちました。一度に1匹ずつ、家の中のどこに置いてあろうと、マウスパッドの上に横たわることを訓練しました（ビデオカメラとテレビモニターを使ってほかの部屋から猫を観察し、うまくやった瞬間にクリックしました）。1回の練習でクリックとごほうびを4、5回しただけで、両方の猫にハードルを跳び越えることと、トンネルを通り抜けることも教えました。

　猫たちが生後5ヵ月になったとき、ジャン‐エリックは、自分が主催する犬のトレーニングセミナーで、クリッカートレーニングでアジリティができるようになった猫を披露しようと決めました。インターネットの記事によると、犬の飼い主と犬でいっぱいの部屋で（疑いもなく全員驚いていました）、2匹の猫は完璧にアジリティを行ったそうです。

音楽を楽しむ猫

　ピアノを弾くことを猫に教えるのは簡単です。よそのお宅を訪問したとき、食後の余興で、私はその家の猫にピアノを教えることがよくあります。まずはじめに、エサをピアノのイスの上に置いて猫を誘導し、跳び乗った瞬間にクリックします（そのお宅のピアノのイスをツナの脂や汁で汚さないように、イスの上にエサ用のお皿を用意します）。それから、猫を誘導するか、ターゲットし、鍵盤に前足を乗せるようにします。前足を乗せたらクリックです。これを繰り返し、だんだんと誘導やターゲットを減らしていき、猫が自分から鍵盤に足を乗せ、クリックがもらえるようにあなたの方を見るトレーニングをします。それから次に、よい音が出るように、しっかり強く鍵盤を押したときだけ強化するようにします（普通のピアノより電子ピアノの方が、強く押さなくても音が出るので簡単です。しかし、その限りではありません）。

　ノーステキサス大学の行動分析学部で教えているヘスース・ロザレス-ルイス教授は、自分が教えている大学院生や学部生全員に、飼っているペットまたはほかの何らかの動物をクリッカートレーニングすることを必修にしています。学生の一人は、猫に単に"ピアノを弾かせる"だけではなく、特定の音符を弾くことをトレーニングしました。さらに彼女は、言葉で合図を出したときに、その特定の鍵盤を押させるようにしたのです。最後に彼女は、かなり野心的な目標を達成しました。自分がピアノに向かい、ト長調のモーツァルトの小曲の一部を弾きます。猫は彼女の隣に座り、指揮者の合図を待つオーケストラ奏者のように構えています。曲の最後で、「ソの音を弾きなさい」の合図を彼女が与えると、猫は、譜面の最後の音（ソの音）をボロンとたたき、その曲を締めたのでした。もちろん、ここでクリックです。その学生は、この研究プロジェクトで成績にＡがつきましたが、最後に大成功した演技の様子はもちろ

ん、猫をシェイピングする過程（うまくいかなかった場面も収録されています）もビデオに収めています。

　ピアノ演奏のトレーニングはもっと改良できます。2、3回鍵盤をたたいたら、1回クリックをもらえることを教えます（1回ポンと弾いただけではクリックしてもらえないので、猫は鍵盤をたたくのをやめないで、持久力を鍛えます。その結果、正しい演奏だけを選んでクリックできるようになるのです）。ターゲットとして、真ん中の「ド」の鍵盤にステッカーを貼り、その鍵盤を押したときだけクリックします（鍵盤を押すことと、ステッカーに触ることを分けて教えた方がよいかもしれません。つまり、ステッカーを貼った特定の鍵盤を押す練習を始める前に、鍵盤以外のいろいろな場所にステッカーを貼って、前足でそれに触ればクリックするわけです）。

　ステッカーを貼った「ド」の音を確実にたたくようになったら、すぐ右隣の「レ」の鍵盤にもう1枚ステッカーを貼ります。この目的は、猫にまず「レ」を弾かせ、次に「ド」をたたかせ、クリックすることです。常に、猫が最初に覚えた音「ド」を最後に弾かせるようにします（訳注：専門的には「逆行チェイニング」というトレーニング技法）。そうすれば、猫は自信をもって続けられます。「レ」と「ド」を続けて弾けるようになったら、さらに右隣の鍵盤「ミ」を加え、それから、右から左に「ミレド」と連続して弾けるようにシェイピングします。これを次々に繰り返します。プレスト（速いテンポで）！　「3匹の盲目の猫」の最初の2小節が弾けました！

点をたどる：究極の猫のスポーツ

　ペットショップでは、猫を楽しませるために使えるおもちゃをたくさん売っています。ばね仕掛けの羽、電池で動くネズミなどです。しかし、

ほとんどの猫にとって、世界中で最高のおもちゃは、文房具店で売っているレーザーポインターです。多くの猫は、レーザーポインターの小さな赤い光の点を、見た瞬間から追いかけます。レーザーポインターを使えば、猫をどの方向にも、どんなスピードでも自由自在に動かせます。ほかの行動をトレーニングするために、ターゲットとしてレーザーポインターを使ったり、トレーニングがうまくいったときのごほうびとして、レーザーポインター遊びをすることもできます。ちょうど、犬の飼い主が、トレーニングのごほうびとしてボール遊びをしてあげるように。

　ただし、注意すべきことが２つあります。第１に、レーザーポインターは目に当てると危険なので、猫の顔（ほかの誰の顔であっても）に向けてはなりません。足元や猫の行く手に当ててください。同じ理由で、子どもたちにポインターで遊ばせないようにしましょう。

　２番目の警告として、猫でそんなことがあるとは聞いたことがありませんが、レーザーの点のこと以外何も考えられずに、そればかりに夢中になってしまう犬がいます。たとえば、ほかの点ではまったく問題のないロットワイラー（訳注：警察犬などになるドイツ種の犬）が、レーザーの点を探して、何時間もどんよりとした目つきで、首を振り振り、あえぎながら、家中の床を探しまわり、点を追跡するようになる可能性もあります。当の飼い主は、犬がそうすることを無視できるかもしれませんが、遅かれ早かれ、ルームメイトや配偶者に、「もうこれ以上、この狂った犬を我慢できない。何とかしてやめさせて」と言われるでしょう。飼い主は、犬が疲れきってしばらく眠らずにいられなくなるまで追跡ゲームをさせれば、文句をいう家族をなだめることはできますが、犬は目が覚めれば、もっと激しく長時間ゲームを再開するようになることは間違いありません、

　クリッカートレーナーであり、教師でもあるシェリー・リップマンが、この問題の解決法を教えてくれました。いつも同じ場所から点を始め、

その同じ場所で終わらせるということです。シェリーの場合は、靴のつま先を使います。点はつま先から現れ、ゲームが終わると、同じつま先に消えていくのです。こうすれば、点はさしあたり消えてしまったことを犬に理解させられます。起こりうる最悪のことは、しばらくは靴のつま先を、期待をもってじっと見つめているかもしれないということです。

　また、追跡ゲームの始めと終わりに、簡単な言葉の合図を一貫して使うこともお勧めできます。私は、視覚による合図を使うのが好きです。レーザーポインターが大好きなうちのミミの場合は、ミミの目の前に私の手を差し出し、手のひらに点を当てるところから始めます。そして、まるで、手のひらから点がこぼれていくようにして、ゲームを始めます。ゲームを終わらせるときは、再び手のひらの上に点を移動させます。ポインターを消しながら手を握り、「点は消えてしまった」と言葉を添えます。

行動に名前をつける：合図の加え方

　あなたの猫はクリックをもらうためにたくさんのことができると思いますが、今この瞬間に、そのうちのどの行動をしてほしいのか、どうやって猫に伝えればよいでしょうか。その行動をたまたましそうになったときに、合図を導入すればよいのです。合図は、言葉、手振り、またはその両方を使います。合図を出している最中、または出した直後にその行動をしたならば、クリックします。すると次第に、その合図は、その特定の行動をすれば今すぐクリックがもらえるという印になっていきます。

　例として、仰向けになってくるりと回ることを取り上げましょう。これまで、仰向けになってくるりと回ったときにクリックした経験があれば、その後も回る回数が増えるでしょう。最初は偶然に仰向けになった

ように見えます。あら、猫がまたくるりと回ったわ。クリッカーはどこにあるかしら。そのうち、転げ回る回数が、ますます増えることは明らかです。猫は1日に何回も回るようになり、そのうち、自分から進んで回るように見えます。猫にとっては、人間をトレーニングしているつもりになっているので、あなためがけて走ってきて、目の前で回るようになるでしょう。クリッカートレーナーのゲリー・ウィルクスの言葉によると、猫は「あなたを狙って、その行動を投げつける」のです。

こうなれば、転げ回るとクリックがもらえるときと、転げ回ってもクリックがもらえないときとがあることを、猫に教える絶好の機会です。言葉か、手振りか、転げ回るための合図に何を使うか決めてください。転げ回るのに新しい合図となるものです。猫にとっては（犬もそうですが）、言葉よりも身振り手振りの方が気づきやすく、わかりやすいように思えます。はじめは、わかりやすい手の合図から始め、後から言葉を付け加えた方がよいかもしれません。

転げ回る前に合図、回った後でクリックとごほうびです（新しい合図を教えている間は、多少下手でもクリックとごほうびを気前よくやりましょう。合図を教えるのと同時に、行動を上達させようとしてはいけません。合図が猫にとってわかりやすければ、行動は自然と上達します）。合図は次第に、猫主導ではなく、あなたが主導で与えるようします。つまり、猫が自分から転げ回りそうになったときに合図するのではなく、あなた自身のタイミングで合図し、猫がその合図に反応するようにしむけていきます。そうすれば、だんだんと、合図を与えなかったときは、転げ回っても強化しないようにしていけます。

猫はすぐに、合図を理解するようです（事実、合図として意図しなかった、あなた自身の多くの行動に、猫が反応していることを発見する可能性もあります）。あなたの合図（たとえば、猫の頭に手を置くという合図で、お座りをさせる）に対して、猫が正しく反応するようになったら、

引き出しが開いていると、好奇心の強い猫は普通、見過ごすことができません。ミミも例外ではありません。ミミが引き出しの中をのぞこうとして、背伸びしたとたんにクリックします。いつ背伸びするか予測できるようになったら、言葉（「閉めて」）や手振りのような合図を加えます。少し練習すると、ミミは私のかわりに、開いている引き出しを閉めるようになりました。

合図をもっと確実なものにするために、環境に変化を加えてもかまいません。つまり、最初は座ったまま合図を出しますが、それが確実にできるようになったら、今度は立った状態で合図をします。あるいは、部屋のいろいろな場所で、または違う部屋で、合図を出してみるわけです。正しい反応に対しては、常にクリックとごほうびをやります。猫が予期していないときや、他人がいたりして、気をそらしているときにも試してみましょう。新しい環境でも、合図に常に正しく反応するようになれば、あなた方の絆はさらに強まります。

同時にたくさんの行動を教える

　仮に、ある行動（たとえば、ターゲットに従ってジャンプする）を教えようとしたのに、それをやらずに、それとは違うけれどもまた見てみたいと思うような行動をしてしまったとしたらどうしますか。そのままやらせて、その新しい行動にもクリックすればよいのです。新しい行動にもクリックしてしまったら、猫が混乱しないだろうかですって？　そんなことはありません。クリックは、クリックした特定の行動を少しずつ強めていきますが、そのとき、ほかのクリックしなかった行動を弱めることはありません。もちろん、あなたがターゲットで誘導している行動はやめてしまい、そのかわりに、新しい行動を始めるということはあります。それでよいのです。イルカの場合も、何か新しいことを学ぶ際には、これとまったく同じことが起きる場合があります。新しい行動にクリックを切り替えなさい。もともと教えたかった行動は、いつでもまた教えられます。

　1回のトレーニングで、同時にいくつの行動を教えられるでしょうか？　ジュリー・シャーは、プルドゥー大学動物行動クリニックでクリッカートレーニングの講師をしていますが、「昨晩、家で飼っている1歳

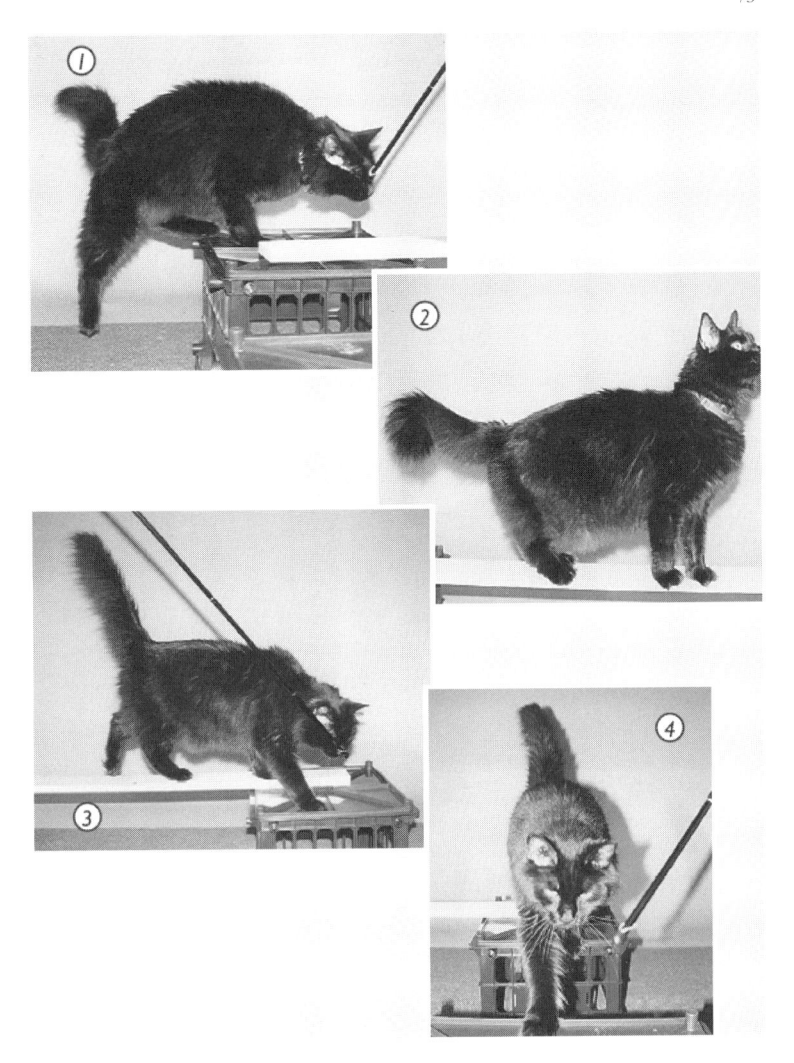

ゼキのミニアジリティ
木箱を四隅に置いて、板を渡しておきます。
1．ターゲットに従って、1つ目の木箱に乗ります。
2．板を伝って、次の木箱に乗ります。
3．伝い移ったら、90度方向転換し、次の木箱に飛び乗ります。
4．次の角でまた方向転換です。
　角まで行けたら、そのたびにクリックします。ターゲッティングとクリッカーで一回りするだけで、すぐこれだけのことができるようになりました。

の子猫をトレーニングしてターゲッティング、私とハイタッチ（両前足で）すること、ぐるぐる回ること、(あと一歩ですが)お座りを教えました」と、知らせてきました。これだけのことをたった1回のトレーニングで教えたのです。しかも、この小さな猫にとって初めてクリッカートレーニングをした日にです。

　これに関しては十分なデータがまだありませんが、ジュリーの話を聞いて、1回のレッスンで何度も何度も同じことをやらせずに、いろいろな行動に対して少しずつクリックした方が、猫はもっと簡単に新しいことを学ぶのではないかと思うようになりました。犬が新しい行動を学ぶときは、何度も何度も、何百回も同じ行動を繰り返し練習しながら、だんだんと覚えていきます。しかし、猫には、同じことを何度も何度も、数十回でさえ、やらせることは難しいようです。

　たとえば、うちのミミにベルを押すことを教えようとしたとき、ミミは、1、2回は前足や鼻でベルに触りましたが、その後どこかへ行ってしまい、別の行動を始めてしまいました。私自身は、ある程度上達するまで一つの行動だけをトレーニングしたいのですが、ミミはどうもそうではないようです。当時の実験記録を見ると、ミミは1回のトレーニングで、3分間に、7種類の行動に対して12回クリックをもらっています。しかし、教えようとしたベルに触る行動に対しては、そのうち2回クリックをもらっただけです。それにもかかわらず、その後2週間にわたり、ベルに触る行動はだんだん増えていったのです。ミミは最後には実際にベルをたたき、記録を見ると、ベルの匂いをかいだり、ベルにぶら下がっている紐で遊んだりという、クリックされない行動はだんだんしなくなったことがわかります。

　では、いったいどうすればよいのでしょう。行動学者のロバート・ベイリーの不朽の言葉によれば、ルールの第一は、「教えたい行動がとにかくできるようにしなさい」です。ある行動ができるようになるには、

1日1回20日間強化するより、1日に20回強化する方がよい（あるいは、よくない）ことを示す科学的な証拠はありません。この方針で、猫のするのに任せることです。

スピードの速い動き

　犬のアジリティ競技に参加する人たちは、以下のような理論を主張しています。ゆっくりとした慎重な行動、たとえば、同じ場所に座っている、伏せるなどは、食べ物をごほうびに使って教えるのがベストで、一方、スピードの速い行動、たとえば、トンネルを走り抜ける、猛スピードで連続ジャンプをするなどは、ボールやフリスビー、あるいは何か別の速い動きのおもちゃを好子（訳注：行動を強化するために、行動の直後に与える刺激。クリックも好子の一つ。強化子ともいう）に使って教えるのがよい、と。

　これは正しいでしょうか？　イルカでも、自分が飼っている犬でも、私は単にスピードの速い動きに対してはクリックし、遅い動きは無視することで、行動のスピードを増すことに成功してきました。クリックを得るにはどのくらい速い動きをしなければならないか、少しずつプレッシャーをかけていったところ、行動自体のスピードが増すようになったのです。私が訓練したイルカたちは、合図に対して1秒以内のタイミングでいっせいに反応し、彼らがやったジャンプや、空中転回もまた非常にスピードのあるものでした。

　ミミの場合は、普通は1日10から20個くらいのごほうびに制限していたため、徐々にスピードを増すことを強化していたら、何年もかかったと思います。ある種の動きの速い好子を使えば、スピードのある行動をもっと簡単に形成できるでしょうか。『馬のためのクリッカートレーニング』の著者であるアレクサンドラ・カーランドが、"キャットダン

サー"と呼ばれるおもちゃをミミに送ってくれたとき、この前提を確かめてみたことがあります。キャットダンサーは、針金の先におもちゃがついていて、針金の端を持って動かすと、そのおもちゃが生き物のように動くという他愛もない仕掛けのおもちゃです。そのおもちゃをぶら下げて、弾ませると、ミミは乱暴に遊び、おもちゃは完全に曲がってしまったほどです。私はこのおもちゃを、食べ物に代わる好子として使ってみたかったので、ミミに、お座りを命令しました。ミミが座るとクリックし、チキンのかわりにそのおもちゃを差し出しました。ミミは、もうそれは興奮の極でした。

　ミミは、キャットダンサーのためなら何でもしようとしました。このおもちゃのたった一つの欠点は、これがなければミミは何もしようとしなかったことです。

ミミが好きなごほうびは、キャットダンサーです。キャットダンサーは、スピードのある動きを強化するためだけに使っています。

翌朝、私はミミに、何か普通の行動をするよう命じました。そうすれば、「引き出しを閉める」ことになると思ったからです。ミミはその行動をしてくれたので、クリックしてごほうびを投げてやりました。すると、ミミはごほうびを無視して、私をじっと見ています。「あなたがしてほしいことを、私は何でもやるわ。だから、あのおもちゃがほしいのよ！ エサなんかじゃなくてね!!」。私がけっしてキャットダンサーを与えなかったところ、ミミはほとんど丸3日間、何も食べませんでした。3日目に、ミミの最高の好物である、作り立てのあたたかいチキンの胸肉のソテーを与えたのですが、ミミはそれを決して食べようとしなかったどころか、それに砂をかけてしまったのです。「こんなものいらない！」

とうとう4日目に、ミミはようやく食事の前のお座りとごほうびに興味を示しました。ミミは自分の意志で、いつも通りのペースでいつも通りの行動をし、私がいつものごほうびをあげると、今度はばかにせずに食べました。それから、ミミが見ている前で、しまってあった戸棚からキャットダンサーを取り出しました。ミミは興奮で震えています。キャットダンサーを身体の後ろに隠し、ソファの背を指でたたき、ターゲットしました。ドシン！　ミミは、床から一直線に信じられないほどの2.5mの大ジャンプをして、ソファに跳び上がり、私の指に鼻を寄せました。クリック！　そして、10秒間、キャットダンサーで遊べたのです。

ついに契約成立です。ミミは、楽しいけれども特に速い動きは要求されない行動はクリックとごほうびで形成、強化され、スピードの速い競争や跳躍、壁を駆け上がったり、モトクロスライダーのように障害物をよけながら走る行動は、キャットダンサーで強化されます。ミミは、最初のトレーニングから、スピードを落とすことなく、非常に速い動きを私に見せ続けてくれています。

ミミがキャットダンサーで強化されるスピードの速い動きも、信じられないくらいの細やかな動きのどちらも、体力を消耗します。したがっ

て、ミミは、息を切らしてドスンと床に倒れるまで、連続3、4回しかできません。しかし、毎晩、ミミはチャンスがあれば、私の指に誘導されて最高のスピードで動き、来客の前で、私の合図に従ってスリリングな行動を喜んで見せびらかします。

　飼い猫だけでなく、動物園のライオンやトラを訓練した経験のあるキャサリン・クローマーに、スピードの速い行動を強化するのに、追跡の好子は重要か、あるいは必要かどうかを聞いてみたことがあります。キャサリンは、少なくとも猫にとっては、生物学的な理由で、それは既知のことだと考えています。「たとえば、トラを例にとりましょう。猫というのは寝てばかりいる動物だと思っておられるでしょうが、トラに至っては1日24時間のうち、23時間寝ています。暮らしている環境がどれほど面白いか、仲間がどれほど素敵かなど、まったく気にかけません。トラが全力を出すのは、1日に1回、獲物を捕るときだけです。それ以外のときは、トラの動きはゆったりとしています。だから、トラに素早くジャンプさせたいなら、食物を介在させることは不適切です。なぜなら、一度獲物をとらえたら、トラの動きのスピードはゆっくりに戻るからです。むちの端につけた小さな房飾りをおもちゃに使って、隣のスツールに跳び移るようにさせればよいのです。それが、トラに本当にエネルギーを全開させる引き金になるのです」

クリッカートレーニングとコミュニケーション

　猫はいろいろな方法で、自分がほしいものを伝えます。子猫がお母さんを求めるときは、ニャオと鳴きます。大人になった猫が助けを呼ぶとき、たとえばドアを開けてほしいときは、自発的にニャオと鳴きます。私の友人の猫は、自分だけでは殺せないほど大きなネズミを部屋の隅に追い込んだとき、助けを求めてほとんど絶叫しました。ある動物園で、

クリッカートレーニングされたトラを見たことがあります。そのトラは、池に落っことして浮かんでいるおもちゃを悲しそうに見つめ、それからその威厳に満ちた顔を飼育係の方に向け、まるで「あのおもちゃをとってくれない？」とでも言いたげに、哀れに「ニャー」と鳴いたものです。

　天賦の技に加え、猫はクリッカートレーニングで身につけた新しい技を、コミュニケーションに使うことをいとも簡単に覚えます。何年か前、いとこ夫妻の家を訪ねたとき、彼らが飼っている猫にピアノを弾くことを教えました。すなわち、ピアノのイスに座ることと、片方の前足で鍵盤をたたくことをハムでシェイピングしたわけです。私が帰った後は、その猫にまたピアノを弾かせようとした人は誰もいませんでしたし、猫もまた自分からピアノを弾くことはありませんでした。

　それから2年後、いとこが電話をかけてきて言うには、前の晩、自分たちが寝室に上がった後、階下のリビングルームで誰かがピアノを弾いている不気味な音に目を覚ましたのだそうです。2人は何事かと様子を見に行き、リビングのドアを開けると、猫がピアノのイスに座り、鍵盤をポロンとたたいていたのだそうです。この猫は、いつもは2階の寝室で眠ります。その晩はたまたま、寝室のドアが閉まってしまい、中に入れなかったのです。おそらく、ニャオと鳴いてみたり、ドアを引っかいても開けてもらえなかったので、2年前に習った行動を試してみたのでしょう。今度はエサのためでなく、眠る場所ほしさに。その努力は報われたのです。

学ぶことを学ぶ：クリッカートレーニングの利点

　クリッカーでトレーニングするのがどんな動物であれ、犬、猫、金魚、キリンであれ、トレーングの過程それ自体が、すばらしくお互いの役に立ちます。動物は、単にあなたが強化した行動を学ぶだけではなく、学

ぶことを学ぶのです。クリッカーでいろいろな行動を覚えた猫は、以前より賢くなったという言い方はしたくはありませんが、自分の能力を最大限に使うことを学んだと言ってよいと思います。クリッカートレーニングを通して、猫により豊かな環境を提供した結果、猫は自分がもつ能力をより有効に活用し、時には非常に創造的な方法で、飼い主とコミュニケーションすることができるようになるのです。

　私が飼っているバーミーズのトスカは、家具から家具へと伝い歩きをして、まったく床に降りずに、部屋の中を一周する方法を考案しながら1日を過ごしています。リビングルームは本棚が壁面を覆っているので、とても簡単です。娘のゲイルの寝室は、これはなかなか難しい。トスカは机の上からテーブルの上、それからベッド、それから本棚の上と伝っていきます、これで部屋の3方の壁は制覇できるのですが、最後の4つ目が大変。本棚から机に戻るには、ドア2つをやりすごさなければならないのです。一つはリビングルームに通じるドア、もう一つはクローゼットに通じるドアです。本棚から机まで一気にジャンプするには、距離がありすぎるのです。

　あなたは猫がじっと座って、問題を解決しようとしているのを見たことがありますか？　「どうやって、この難問を解決しようかしら？」。トスカは、この問題を解決するのに、しばらく時間を費やしたに違いありません。ある日、私はトスカが、悲痛な声で叫ぶのを聞きました。「来て、すぐ来て」と。そこで私が飛んで行くと、トスカはゲイルの部屋にいました。なんとトスカは、リビングルームに通じるドアの上部、わずか幅5cmのところに乗っていたのです。「トスカ、どうやってそこに上ったの？」と私は大声をあげました。しかし私には、トスカが本棚から跳び移ったに違いないことがわかったのです。

　今ではトスカは、リビングのドアの上から、約1m離れたクローゼットのドアの上へ、やすやすと跳び移ります。これをしても、ドアは1

cmたりとも動きません。4本の足を一直線にそろえて離陸し、そしてそのまま着地します。なんという離れ業でしょう！ 最初のドアからまっすぐに跳び（横方向へ力を加えないようにしなければならない。当然ドアは開いているので、着地目標は斜め前にあるが、その方向に跳び出してはうまくいかない）、それから、次のドアの上にまっすぐ着地する。横方向へ力を加えないようにしないと、ドアの上から落っこちてしまう。そしてもちろん、着地点はトスカの体の幅よりずっと狭いのです。

「トスカ、本当に驚かせてくれるわ。あなたは何てすごい猫なんでしょう！」。トスカは注意深くドアの上に座り、ブルックリン中に聞こえたのではないかと思うほど、ゴロゴロとのどを鳴らしたのでした。

トスカは、自分から学習したことも見せてくれました。私とトスカの関係がはっきりしていて、変化に富んでいることが、トスカが新しいことを試してみたい、そしてそれを私と共有したいという状況を作り出しているように思えます。

クリッカートレーニングされた猫と飼い主との信頼関係やコミュニケーションには、限りがありません。トスカは生涯にわたって、多くの人をとりこにしました。私が今飼っているミミもクリッカートレーニングされた猫ですが、人間との出会いに際して率直で、相手からも反応が返ってくると信じています。初対面のお客の何人もが、ミミと同じバーミーズの猫がほしいと言い出すほどです。バーミーズは社交性がある猫だというのは疑いないところですが、クリッカーで育まれた学習能力は、どんな猫でも社交性を発揮させるように思います。

レパートリーが増えれば、関係はさらに豊かになる

大学院生のスコット・マッケンジーは、ノーステキサス大学のクリッカートレーニングの授業の課題で、飼い猫のパックに寝室の電気を消さ

せるトレーニングをすることにしました。猫に電気のスイッチに触ることを教えるのは簡単ですが、電気をつけたり消したりできるほど、スイッチを強く押させることは難しいものです。スコットの解決法は、床の上に置いた、明るい色の大きな丸い紙を猫に踏ませる行動をシェイピングすることでした。これが上手にできるようになったら、スコットはその丸い紙を部屋のあちこちに移動しまた、だんだん紙を小さくしていき、さらに強く踏んだときだけクリックするようにし、それから壁まで移動しました。まもなくパックは、紙を壁に貼ったときにも、ぴしゃっとたたくようになりました。スコットはそれまでのスイッチから、押し込むとオンオフができる平らなスイッチに付け替え、スイッチもできるだけ弱い力でも押せるものにしました。それから、紙をコインくらいの大きさにまでだんだんと小さくし、猫がソファの背にのぼると届く位置にある、スイッチのところまで移動していきました。すると、とうとう猫は、スイッチを押したのです。私はその様子をビデオで見ました。「パック、電気を消して！」と、言葉で合図すると、パックは床からソファに跳び乗り、スイッチをぴしゃりとたたいて電気を消すと、部屋は闇に沈みました。

　トレーニングの最後の段階はもちろん、合図を遠くから出しても猫がちゃんと電気を消すように、スコットがだんだんスイッチから遠ざかって合図を出すことです。その結果、パックのおかげでスコットは、ベッドから出ることなく、電気を消せるようになりました。

　この非常に役に立つ行動に加え、パックはビリヤード台のどの位置からでも、ポケットにボールを入れることができるようになりました。時には、かなり遠くから、スコットが指示したポケットに入れるのです。このトレーニングはまず、動いているボールをたたくことから始め、止まっているボールをたたく、ポケットのすぐそばに止まっているボールをポケットに入れるまでたたく、もっと離れたところからたたく、ボー

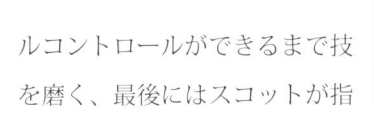

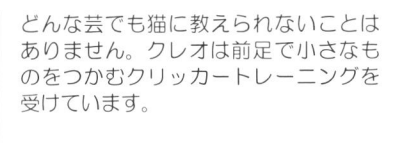

どんな芸でも猫に教えられないことはありません。クレオは前足で小さなものをつかむクリッカートレーニングを受けています。

ルコントロールができるまで技を磨く、最後にはスコットが指示したポケットにボールを入れる、という具合に行いました。

　パックは今や、40くらいの行動ができます。「大学から家まで車で帰る途中、今日はパックに何を教えようかと考えます」と、スコットは言います。スコットの指導教授であるロザレス‐ルイス博士は、行動を教えるときは、それがどの場所でも、どんな状況でもできるようになるまで教えなくてはいけない、と学生に指導します。スコットは、パックをキャリーバッグに入れて、友達の家に連れて行きます。「もちろん、パーティのときのように大勢の人がいては無理ですが、5、6人なら問題ありません。どんな部屋でもできるようにパックをトレーニングしました。僕が皆に注意することは、クリッカーを勝手に鳴らさないで、ということです。クリックは、パックにとって特別な意味を持っていますから」

事実、パックとスコットはお互いにとても大切な存在です。トレーニングは1日のハイライトです。「僕がクリッカーを持つと、とたんにパックは熱狂します。クリッカーは、間違いなくわれわれの関係を緊密にします。われわれが共有できる経験、そして2人とも大好きな経験です。クリッカートレーニングがどれほど楽しいか、どれほどペットと飼い主との関係を劇的に変えるか、普通の人には想像もできないでしょう」と、スコットは私に語ってくれました。
　スコット・マッケンジーの本来の仕事は、発達障害をもつ子どもたちを教えることです。パックをトレーニングしてシェイピングの技術を磨き、その経験を障害を持つ子どもたちを教育する際にも役立ててきました。つまり、以下のようなことです。

　教える際には、体系的に教える必要がある。好子は、タイミングよく与えなくてはならない。いつトレーニングを終了すべきか、察せなくてはならない。教えたことができないのは、相手が悪いのではなく、教え方に問題があるからだ。教え方のどこが間違っていたのか常に考えよ。
　一歩一歩、少しずつ教えていかねばならない。大きな変化を望んでも進歩はない。その結果、上手なシェイピングの経験を通して結ばれた両者のすばらしい絆は、発達障害をもつ人たちにも、同じように当てはまる。

飼い猫だけではない

　クリッカートレーニングは、動物園での飼育にますます広く使われるようになっており、ハズバンダリートレーニングによく使われています。以前は、ライオンやトラのような大型の獰猛な動物は移動させるときは、

クリッカートレーニングは猫との関係をハッピーにし、満足のいくものにする。

エサでおびき寄せていました。それがうまくいかないときは、力づくでしていました（たとえば、つついたり、消防用のホースで水をかけるなど）。今では、大型の動物を移動させるときには、ターゲッティングが使われることもあります。また、動物たちに必要な医療的なケア、たとえば予防接種や注射、けがの手当てなどは、クリックとごほうびを使ってなされるようになってきています。たとえば、飼育係の一人が檻の格子越しにターゲッティングでライオンの鼻を固定し、もう一人の飼育係がライオンのしっぽからそっと採血をするなど。クリッカートレーニングをすれば、動物の知力を鍛え、社会的な経験を刺激的かつ豊かにしながら、体の手入れや医療的なケアをより容易にかつ安全にすることができます。

　動物保護施設にいる猫もまた、クリッカートレーニングの恩恵を受けられます。クリッカーとスプーン、キャットフードの缶を持ってケージの外に立ち、恥ずかしがり屋の猫にはそばに来るように教え、人を避ける猫にはアイコンタクトやのどをゴロゴロ鳴らすことを教え、ずうずうしくて押しの強い猫には控えめにエサを待つことを教えられます。動物保護施設でボランティアをしている人の中には、捨て猫や野良猫にクリッカートレーニングし、困難な環境を豊かにし、場合によっては、引

き取ってもらいやすくする人もいます。自分のペットだけでなく、そうした新しいことに挑戦してみませんか？　クリッカーを持って、近くの動物保護施設でボランティアをしましょう。犬も猫もスタッフも、あなたに会えるのを楽しみにしています。

第 4 章 問題と解決法

猫に起こる問題には身体的なものもあります。病気、感染、寄生虫、ケガなどで、これらは獣医師の守備範囲です。行動上の問題は対処が簡単ではなく、獣医師のほとんどは、行動の問題を解決する専門家としての訓練を受けていません。

行動上の問題を解決する場合にも、クリッカートレーニングが役に立ちます。問題行動の中には、クリッカーで再トレーニングできるものもあります。猫が退屈まぎれに問題行動をしたり、問題行動だけが飼い主の注目をひく唯一の行動だったりする場合は、猫に何を教えようと、正の強化をしさえすれば、大きな変化をもたらします。しかし、問題行動の中には単なるトレーニングでは解決できず、環境に起因するものもあります。この種の典型的な問題は、排泄の問題です。

排泄の問題

猫がすばらしいペットでありうる理由の一つは、人間がさしてかかわらなくとも、独力で、家の中であろうと外であろうと、決まった場所に排泄するものだと信頼されているからです。確かに、猫はこの点に関して極めて信頼に足るので、この信頼関係が壊れると、われわれは気が狂いそうになるわけです。猫の排泄物の匂いは最悪です。とても長時間、我慢できるものではありません。かわいい猫をあきらめて人にあげてしまう理由のダントツの一番は、不適切な場所に排泄することだと言われています。

決められた排泄場所を避けるよくある原因は尿路感染で、猫がかかりやすい病気です。感染すると、排尿に痛みを伴います。猫はその痛みをトイレのせいにし、もっと排尿しやすい場所を見つけようとするのです。猫にこのような行動が見られたら、すぐ獣医師のところに連れて行ってください。治療法は、投薬と処方食です。

トイレ以外の場所に排尿したり、スプレーするそれ以外の要因は、なわばりのマーキングです。新しく飼い始めた猫は、家の中だけではなく、家の外でもマーキングをします。たとえ家の中で飼っていてもです。また以前、外で飼っていた猫が、外に出るのを怖がるようなら、外で待ち伏せしているライバルの猫がいるのではないかと考えてみてください。獣医師に相談するか、本で調べるか（第5章「資料」参照）、動物の行動カウンセラーに相談してみてください。

しかし多くの場合、この問題は猫自身ではなく、飼い主が原因で起こるのです。飼い主がもたらす原因とは次のようなものです。

トイレが汚すぎて使えない

猫砂は毎日すくいとり、ときどき換えてやらねばなりません。トイレの容器そのものも清潔であらねばなりません。ときどき容器を空にして、ごしごし洗ってください。猫はある程度の時間は汚れたトイレに我慢できるかもしれませんが、あるとき突然、我慢の限界になり、もっとよい排泄場所を探すのです。率先して毎日トイレを清潔に保つ人が家族にいなければ、自動洗浄トイレを購入することです（第5章「資料」参照）。高価ですが、それだけの価値はあります（いちいちきれいにする必要がないのだから）。私が知っているある獣医師は、猫を2匹飼っている家庭ですが、自動洗浄のトイレが自分たちの結婚生活を救っているのだと断固として主張しています。

トイレが使いにくい

行動分析学者のアンディ・ラッタルは、あるクライアントの排泄の問題を解決したと電話をかけてきました。アンディが、どこにトイレを置

いているのかクライアントに聞いたところ、彼女は、廊下の戸棚の中だと答えました。猫は戸棚の中に簡単に入れるのですか？ 確かに扉は閉まっていることもあります。なぜ扉が閉まるのですか？ 地下室に行くドアを開けるためには、戸棚の扉を閉めなければならないのです。そして、地下室から戻って来たときに、戸棚の扉を開けるのをうっかり忘れることがときどきあるのです。ラッタル博士の解決法は次のようなものでした。戸棚の扉をはずし、地下室にしまってしまいなさい。数日後、そのクライアントが電話をしてきました。「先生は、動物トレーナーのハリウッドスター級ですわ。こんな奇跡を起こしたのですもの」と、彼女は言ったそうです。

同じトイレをたくさんの猫が使う

猫は人間のように、複雑な社会関係をもっています。トイレを共有することを嫌がる猫もいます。しばらくは何とか我慢するものの、そのうち、共有するのを嫌がるようになる猫もいます。新しい猫が家に来たり、子猫が成長すると、均衡が破れることもあります。一匹につき一つのトイレを用意することも考える必要があります。そうでなくても、せめて、もう少し多くのトイレを、もう少し多くの場所に置き、すべて清潔に保ってください。排泄のために競争などさせるべきではないし、排泄のようなプライベートな瞬間に、ほかの猫に急襲されたり、脅かされたりするかもしれないという不安を与えてはなりません。

トイレ以外の場所で排尿する原因が何であろうと、この問題を解決するのは、ある程度の努力と注意が必要です。たまにクレートに閉じ込めるとか、投薬、食餌を変える、家の中から特定の猫を取り除く、猫が汚したものを片付けて消毒する、などなどです。この問題に関しては、罰も正の強化もあまり違いはありません。猫はどこで排泄すべきか"忘れ

ている"わけではなく、自分の欲求に合わせ、なおかつ清潔を保つために最大の努力をしているだけだからです。その過程に何が起こっているのか、見つけねばなりません。

人間に対する"攻撃"

"攻撃"と引用符をつけて書くのは、この言葉が濫用され、かつ誤用されていると思うからです。ある人が攻撃だと見なすものを、ほかの人はただの遊びや正当防衛だと見なすこともあるのです。あなたの猫が、あなたを怒らせるほど、噛みついたり、引っかいたりするならば、あなた自身がしていることが実際には噛みつきや引っかきを強化しているのではないかと、まず考えてみてください。猫は攻撃によって何らかの望ましい結果を得ていませんか？　攻撃を仕掛ければ、あなたをソファから追い出して、追いかけっこで遊べるのではないですか？　あるいは、放っておいてほしいときには、攻撃すれば、あなたが撫でるのをやめる

社会化は犬と同じように猫にとっても大切です。ミミは来客が訪れてもリラックスしています。

のではないですか？　あるいは、猫に優しくしすぎて、猫をつけあがらせているのではありませんか？　あなたが自分の行動を変えれば、不用意にこの乱暴を強化せずにすむようになります。また爪を立てたり、嚙みついたりしないよう教えるのにクリッカーを使えます（第2章「爪を立てない」参照）。

　攻撃行動、たとえばフーッという、うなる、猫パンチなどは、人間の側の間違った扱いや虐待の結果で起こることもあります。しかしそれ以上に、経験や社会化の不足の兆候であることも多いのです。多くの人は、犬に対しては知らない人や来客のそばでは落ち着いていることを教えるのに、多くの時間を割きます。しかし、猫をこのように社会化させようとはめったにしません。あなたは、はじめて家に来た人に猫を紹介していますか？　たいていはしていないでしょう。しかし、しようと思えばできます。クリッカーを使って、はじめてのお客さんもクリックとごほうびをもらうのに役に立つということを教えましょう。

　クリッカーはまた、野良猫や子猫、飼育放棄されてきたり、捨てられた動物を社会化するのに非常に有効な道具です。あなたの方に近づいてきたり、信頼の印を見せたらクリックし、エサを投げてやります。実際にはすぐにエサを食べないとしても、猫はすぐにあなたにクリックさせる方法を学びます。

足首をかむ

　健康な子猫は、動くものを攻撃するのが好きです。そして、子猫が成長するにつれ、あなた自身も攻撃対象になります。猫は、テーブルの下であなたの足にタックルしたり、家具の下に隠れて待ち伏せし、あなたが通りかかると歯と爪で攻撃します。これを直すには、攻撃の楽しさを半減させることです。猫が仕掛けてきた最初のときに、じっとして動か

なければ、猫は即座にあきらめるでしょう。

　足首をかむのはたいていの場合、猫が成長し、強くなり、運動を欲している印です。もちろん、クリッカートレーニングはそれ自体、活発で運動を欲している猫にとって大きな助けになります。多くの行動を教えれば教えるほど、猫はたくさん考え、より多くのことをしなければなりません。したがって、待ち伏せのような望ましくない行動は、自然となくなります。

　しかし、問題行動を直接直したければ、ばねのついた羽や、糸の端にアルミホイルをつけたものなどの動くおもちゃを用意するとよいでしょう。1日1、2回、追いかけっこで猫を満足させるために、そのおもちゃを使うのです。これは、そっと忍び寄って、急に跳びかかる欲求を満足させるとともに、そのおもちゃをクリッカートレーニングに組み入れ、すばらしい結果を得ることもできます（第3章「スピードの速い動き」参照）。それでもまだ猫が、あなたの足を狙って忍び寄ってくるなら、ある猫の飼い主がやった方法を試してごらんなさい。家の中でブーツをはくのです。そうすれば、猫が足首を狙おうが何をしようが気になりません。

ヒョウのようなジャンプ：上からの待ち伏せ

　2歳くらいになったとき、樹上性のバーミーズであるトスカは、本棚の上に隠れ、真下を通りかかった人の肩に突然跳び降りるという癖をもつようになりました。これは、私にとっても来客にとっても、特に猫嫌いの来客にとって常に驚異で、ぎょっとなる衝撃でした。

　この行動が増えるにつれて、何かがこの行動を強化しているのに私は、気づいていました。トスカは何をしたいのだろう？　たぶんトスカは、誰かの肩に乗りたいのだろうと、私は考えました。そこで私は、トスカ

ある種の猫、特に外来種の猫は肩乗りが好きです。クリッカートレーニングをして、肩乗りを要求する行動を教えれば、待ち伏せ跳び乗りを防ぐことができます。跳び乗る前に肩乗りを丁寧にお願いしています。

がたとえば、出窓などのちょっと高いところに座っているのを見つけたときはいつでも両手を出し、トスカを抱き上げることにしました。するとトスカは、お尻をついたまま体を起こし、前足を宙にあげ、抱かれるのを待っているようでした。トスカがそれをしたらクリックし、言葉でほめ、ごほうびに抱き上げてあげました。そしてしばらくの間、トスカを私の肩に乗せ、薬棚の中やクローゼットの上では味わえない面白い景色を楽しませてあげたのです。

　トスカは今では、自分の希望を伝えるのに非常に特別な方法を持っています。肩に乗りたいと思ったときは、私が歩いているところをじっと見、私の前に走り出て、カウンターや出窓に跳び乗り、私がそばを通り過ぎるとき上体を起こし、前足をあげ、「タクシー！」とばかりに合図するのです。私はほとんどいつも願いを聞き入れたところ、ヒョウのように跳びかかることはしなくなりました。

家具を引っかいたり引き裂いたりすること

　猫が家具につける引っかき傷は、爪をとぐためにするのではなく、なわばりをマークするためです。引っかき傷は、ほかの猫の注意をその場所に引きつけたり、自分の匂いをそこに移したり、また、自分の強さと体高を示す印なのです。引っかいた周辺は自分のなわばりだと、ほかの猫に伝えるためになされた手がかりなのです。

　なわばりをマークするためにもっと努力する猫もいますが、たいていの猫はお気に入りの引っかき場所があります。爪を抜かれた猫でさえ、この動作をします。猫は目立つ場所を選ぶ傾向があり、特に新しいものに心ひかれるようです（新しいソファの最も目立つ部分など）。家具を破壊されずにすむ最もよい方法は、猫が引っかいても許される理想の場所を与えてしまうことで、場所選びのプロセスを阻止することです。

麻縄を巻いた棒を垂直に固定すると、猫は心ゆくまで引っかくことができます。適切な場所を引っかくことをクリックしておけば、猫は大切な家具や壁に関心を向けなくなります。

　どういう場所が理想なのでしょう？　垂直で非常に頑丈で、ぐらぐらしたり、倒れたりせず（ある市販の引っかき棒の致命的な欠点）、猫が全身の筋肉を使えるような場所です。表面の材質も爪が入るくらいの深さがあり、しかしちぎれるか、ちぎれそうなくらい柔らかくなくてはいけません。猫は結局、マークを残したいわけですから。ロープが巻いてある市販の棒は、カーペットが巻いてあるものよりよいようです。動物行動カウンセラーのニコラス・ドッドマンは、黄麻布を重ねて板に釘で止め、壁か食器棚の側面にかけることを勧めています。あるいは一番いいのは、樹皮がついている本物の丸太を倒れないように台にボルトで固定したものです。このどちらも喜んではがします（したがって、ときどき、表面を巻き直して修理する必要があります）。
　水平の場所を引っかくことで、よしとする猫もいます（必ずしもすべての猫ではありませんが）。あなたの猫が、キャットニップスが好きなら、新しい引っかき場所にキャットニップスの匂いをつけて、そこをより魅力的にすることもできます。もちろん、その新しい場所の匂いをはじめてかいだときにクリックとごほうびをやり、それから実際に引っかいたときにクリックとごほうびをやることもできます。クリッカートレー

ジョシーは誰かに開けさせるためにドアを引っかきました。今では人の注意を引くためにベルを鳴らしています。

ナーの中には、何か頑丈なものを替わりに与えて、なわばりの印を変えさせ、それからその新しい替わりの場所にクリックし、前の場所はビニールで覆ってしまって、うまくいった人もいます。

　間違った場所を引っかくことを偶然に強化してしまうことも多いものです。最近、私の息子のマイクとその妻のアイリーンは、新しいソファを買いました。当然、猫はそのソファを引っかき始めました。引っかくたびに、マイクは猫をつまみ上げ、外に出してしまいます。ある晩、彼が新聞を読んでいると、猫がリビングルームに座り、自分をじっと見つめていることに気づきました。マイクが猫の方を見ると、猫はソファの方に歩いて行き、引っかこうとしました。猫をつまみ上げたとき、マイクはことの真相がわかったのです。夕ご飯がすむと、この猫は外に出かけるのが好きです。猫は合図を出して（ソファを引っかく）、自分を外につまみ出してくれるように、マイクをトレーニングしたわけです。次の晩、猫がリビングルームに入ってきてマイクをじっと見つめたとき、マイクは立ち上がり、ソファを引っかく前に猫を外に出してやりました。そうやっても、引っかくことが完全になくなったわけではありませんが、少なくとも人間に対するコミュニケーションの手段として、引っかくこ

とはしなくなったのです。

退　屈

　われわれ人間を悩ます猫のする多くのことは、退屈と関係しています。体をなめる、毛糸にじゃれて飲み込む、同じところを行ったり来たりする、毛が抜けたり皮膚がただれるほどグルーミングをするなどの定型的で繰り返しする行動はすべて、少なくともその一部は、環境内に充分な刺激がないことによります。植木鉢の土を掘り返したり、マントルピースから物をたたき落とす、トイレットペーパーを引っ張り出すなどは、はじめは単なる遊びで、猫が自然にする探索行動です。介入が必要になるのは、その行動を繰り返し、固執し、目に余るようになったときだけです。介入の第一段階は、自分の行動を見直し、猫がそういった問題行動をしたときだけ注目を与えているのではないかと、考えてみることです。怒鳴るのさえも注目であり、それらの問題行動をエスカレートさせます。さあ、クリッカーを用意して、猫に何かもっとましな行動をさせましょう。クリッカートレーニングを習慣にし、クリッカーで猫と遊ぶ

猫は環境の変化を必要としています。精神的にも肉体的にも本当に幸せで健康であるためにです。

のを日課にすることが、猫の生活を最も早く簡単に変える方法でありその結果、問題行動もなくなるのです。

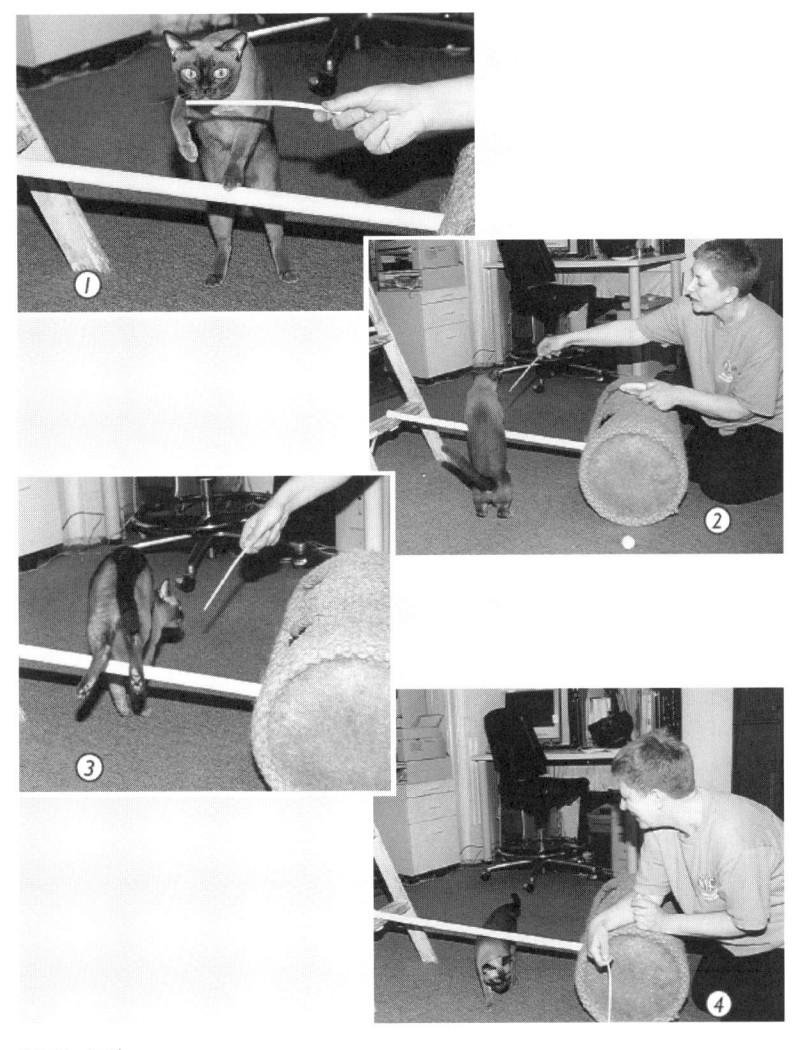

退屈しのぎ
多くの問題行動は、猫が新しいものや興味のあるものに1日に1～2度出合っていれば現れません。クリッカートレーニングは理想的な解決法です。フェーベは、ターゲットを追いかけて横棒を跳び越えたり、くぐり抜けることに精神的、肉体的に満足しています。

鳴き声

　猫は血統によって、よく鳴く猫（特にシャム猫）とそうでない猫とがいます。鳴き声は、耐えられないレベルまでエスカレートすることもあります。鳴く理由は、時には医学上の問題で専門家の助けが必要な場合もありますが、たいていは猫ではなく、飼い主がしていることに問題がある場合も多いのです。インターネット上での猫のクリッカートレーニングのメーリングリストに新しく参加したあるメンバーは、飼い猫の鳴き声がうるさく、まるで絶叫しているかのようだと訴えてきました。メーリングリストのほかのメンバーのアドバイスで、猫が鳴いたら単に背中を向けてしまうことを試みました。これが何と、うまくいったのです！
　鳴き声はだんだん消えてしまいました。彼女はそれと知らずに、鳴くことを強化していたのでした。
　別の新入りメンバーは逆に、自分の猫は、ときどきシャンプーするとき以外はちっとも鳴かないと訴えてきました。彼女は、よく鳴く猫がほしかったのです。クリッカーで鳴き声を増やすことができるでしょうか？　このメーリングリストのメンバーの多くは面白がって、やればできると返事をし、彼女は実際にやってみました。彼女はまたアドバイスに従い、シャム猫も飼うようにしたそうです。

食事中にテーブルに跳び乗る

　食事中に猫がテーブルに乗ってきても気にしない人もいます。私の知り合いのある家族は、猫がテーブルの上をうろついても喜んで、自分たちのお皿から勝手に食べるのを許しています。猫をテーブルから追い払うか、つまみ上げて床に下ろす飼い主の方がずっと多いのですが、しかしこの行動を根本的に直そうとはしません。合理的な解決法の一つは、

食事中は猫をどこかに閉じ込めておくことです。少なくとも、来客を招いてのパーティのときはそうすることです。別のやり方は単に、食事を始めた瞬間からテーブルの上をうろつくことを許さず、食事中にテーブルの上に乗っても無駄なことを猫にわからせることです。つまりテーブルに乗ったらすぐに、誰かが床に下ろしてしまうのです。しかし、これまでに時には見過ごされることがあったりしたら、テーブルの上に乗ることと両立できない行動を教えて、この行動を直さないとだめです。そばにあるイスに座っていることを、ときどきごほうびで強化して教えるとよいでしょう。それから食事中ずっと座っていられるようになるまで、座っている時間をだんだん長くするのです（第2章の「じっと座っててちょうだい：おねだりに替わるもの」の項目参照）。この行動がちゃんとできるようになれば、食事が終わってテーブルを片づけた後で、台所でごほうびをあげられるようになります。

食べ物の好みがうるさい

猫は食べ物の好みがうるさいことで有名ですが、ミミが成長するのを観察しながら、私は新しい発見をしました。ミミは、自分の体の中に入れるものに非常に敏感です。新鮮でないものは食べません。はじめて出されたものは疑ってかかり、ただ匂いをかぐか、かろうじてほんの少し味をみるかして、はじめての食べ物を食べるかどうか決めるまでに、1、2食かかります。私は今では、猫が食べ物に気難しいのは、気取っているからではなく、生物学的な根拠に基づく必要な特性なのだろうと思っています。猫というのは孤高のハンターです。野生においては、自分ひとりの力で獲物を殺し、食べねばなりません。猫の食べるものはたった今、自分が殺したものであり、常にきわめて新鮮です。一方犬は、大きな獲物を殺し、食べ尽くすまで仲間と一緒に食べます。犬は骨を土の中

に埋め、腐ろうがどうしようが、何日も何週間もたってから掘り出しては楽しむのです。猫にはそんなことはできません。

　犬はまた汚い水でも気にしません。道路の水たまりの水でも、金魚のいる池の水でも、よく言われることですが、便器の水でも飲みます。1日が終わる頃には、台所の床に置いた犬の水入れの中には、犬の鼻にくっついてきた砂、葉っぱ、エサなど、ありとあらゆるものが入っています。でも犬は、そんなことは気にしません。しかしミミは、気にします。ミミは、朝起きてまず水をたっぷり飲み、夕ご飯の前にもう一度飲むのが習慣です。ちょうど、トラが川に水を飲みに下りて来るように。朝になっても、前の晩の水がまだ犬の水入れに入っていると、ほんの少しなめるだけで行ってしまいます。私が水入れの古い水を捨て、犬が汚したものをよく洗い落とし、内側をよく拭き、きれいな水を入れてやると、ミミは急いで戻ってきて、たっぷりと飲みます。猫は細菌やほかの汚染物質に弱いのではないかと、私は思っています。きれいな水だけを飲み、新鮮なものだけを食べるのは、傲慢なせいではなく、生物学的な理由のせいなのです。そうでないとやっていけないのです。

　孤高のハンターであることはまた、1種類のエサだけを食べ、それ以外のものは食べないという、ネコ科の動物の習性をもたらします。鷹匠たちが言うには、若い鷹（これもまた孤高のハンター）も同じだそうです。はじめての狩猟の際に、彼らが捕まえたものが何であれ、それ以降は、その獲物ばかりを狙うのだそうです。今やっていることがうまくいっているのに、なぜあえて他のことをしてみる必要があるのでしょう？

　この問題に関しては、単に猫の選択にまかせる飼い主もいます。近所に住んでいるある飼い主は、生涯を通じてまったく健康な猫を1匹飼っていましたが、その猫は2種類の食べ物、チキンのレバーとマスクメロンしか食べなかったそうです。しかしこのやり方は、きわめて不便です。その食べ物を切らしてしまったらどうしますか。また健康上の理由で、

食餌を変えねばならなくなったらどうしますか。飼い始めた最初から、猫の食餌をいろいろ変化させることは、はじめのうちは時には与えたものを拒否することがあったとしてもよい考えですし、クリッカートレーニングがしやすくなります。いろいろなごほうびを楽しみに待つようにさせたいものです。

抜け毛

　長毛種を飼っていたり、家族の誰かにアレルギーがあるなどの理由で、猫の抜け毛が本当に問題なら、クリッカーで簡単に解決する方法があります。掃除機で毛を吸い取ることを喜ぶようにトレーニングすればよいのです。そんなことができるかって？　やってみたことがありますが、クリッカーで簡単にできました。

　掃除機に付属の道具の中から、柔らかくて丸い家具用のブラシを見つけてください。そのブラシを掃除機のホースに接続せずに、そのブラシで猫をブラッシングしている間、猫がじっとおとなしくしていたら、クリックとごほうびをあげます。それができたらブラシを掃除機のホースに付けた状態で、ブラッシングされることをシェイピングします。次の段階は、音を我慢できたらクリックすることです。つまり掃除機を別の部屋に持って行き、誰かほかの人にスイッチを入れたり切ったりしてもらい、スイッチを入れて音がし始めてもじっとしていられたら、クリックとごほうびです。最初の日はこれが1回しかうまくいかないかもしれませんが、毎日食事前にこの練習を習慣化すると、猫はそのうち慣れてきます。

　もし、手伝ってくれる人が誰もいなければ、掃除機をできるだけ遠くにおいて、猫と掃除機のプラグを持って浴室に行きます。それから片手でプラグをコンセントに差したり抜いたりして掃除機を動かし、それに

あわせて、もう一方の手でクリックし、ごほうびを与えます。この音を我慢すればごほうびがもらえることを猫が発見すれば、再度ブラシを持ち出し掃除機に取り付けます。恐怖心を克服できればたいていの猫は、体に掃除機をかけられる面白い感触を楽しめるようです。そして家の中に散らばる抜け毛の量は驚くほど減り、あなたのかんしゃくも減ります。

木登り

　これまでは主に、家の中で飼っている猫について書いてきました。あなたの家では猫が外に出ることを許しているなら、木登りに対して予防的なトレーニングを少ししておくことをお勧めします。猫は、木に登ってもしがみついたまま降りてきません。なぜなら、降り方を知らないからです。登るのは簡単です。猫はパニックになると走り出し、鉤爪で木の幹を駆け上がります。降りてくるのはそれほど簡単ではなく、無意識にはできません。鉤爪をはずし、落ちないようにして一歩ずつ、下に降りていかねばなりません。それは非常に複雑な動きなのです。

　おそらくかつては、子猫の時分に母猫がするのを見ながら、後ろ向きに降りてくる方法を学んだのでしょう。しかし今では、子猫を戸外に連れ出すときでさえ、そような冒険ができるほど大きくなる前に、母親から引き離してしまっています。したがって、はじめての木登りは、まさに窮地なのです。クリッカーとやさしく撫でること（食べ物よりこの方がよい）で、母猫のかわりに教えられます。次のようにすればよいのです。

　猫を自由に外に出す前に、猫が登るのに充分な太さの木か柱を見つけておきます。少なくとも周囲が15cmはあって、低い位置には枝や横棒がないものを選びます。いざとなれば電信柱でいいでしょう。猫にハーネスと2.5mくらいのリードをつけ、リードはあなたのベルトにしっか

第 4 章　問題と解決法

りと結んでおきます。そうしておけば猫が下に向きを変えて簡単に跳び降りてしまわないように、できるだけ高いところまで登らせられるし、かといって、ずっと上の方まで逃げて行ってしまうことも止められます。

　それから猫を抱き上げて、手が届く限りのできるだけ高い位置で、柱か木にしがみつかせます。猫はしがみついて神経質に見下ろしながら、おじけづいてじっと固まってしまうかもしれません。次にやさしく、一方の前足を木から離し、2～3センチくらい下に動かし、もう一度木に足をかけさせます。クリック！　そして解放します。同じことをもう一度、反対側の後ろ足でします。猫の足の筋肉がリラックスするのを感じるか、猫が自分から足を後ろにずらしたら、クリックします。ほめて撫でてやっても安心します。しかしクリックは、猫に重要な情報を伝えます。「そうか、木から降りるには、こうやって前足を動かせばい

子猫に安全に木を降りることを教えます。これは価値ある将来への投資です。

いんだ！」

　4本の足それぞれを下にずらしていくのを1、2回手伝ったら、次は猫が自分一人で、そっと後ずさりして降りる練習をさせるべきです。そばに立って見守り、どんなに下手でも猫にやらせましょう。猫はそのうちやり方がわかります、そうなれば後は、自分一人で練習し上達させることです。

猫どおしのケンカ

　ケンカが最も起きやすいのは、すでに何匹かの大人の猫がいる家に新しく大人の猫が入ってきたときです。猫はすぐに、友達どおしになることもありますが、そうでないときもあります。どうなるか、彼らにまかせましょう。運がよければそのうち、優劣関係に従って新たな順位が決まり、平和が戻ります。ものを投げたり水をかけたりして、攻撃側や犠牲者側、あるいは双方へ罰を与えても、ほとんど効果はありません。そんなことをしても猫たちをより興奮させるだけです。

　それぞれの猫に、猫が気に入るような床から離れた高い場所に、クレートや隠れ家を用意するのは時には役に立ちます。そうすれば、順位の低い猫は必要なときに逃げ込める、居心地のよい防御可能なスペースを確保できます。猫をクレートに慣らすにははじめは、おもちゃや食べ物を中に入れて閉じ込めます。あるいは、探検してクレートの中に入ったらクリックします。

　多くの飼い主は、猫にお互い我慢させるのにクリッカートレーニングを使います。2匹の猫が同時に同じ部屋にいたら、クリックしてごほうびをあげます。それから、攻撃的な方の猫が相手から目をそらしたらクリックします。次は、同じ部屋に2匹がおとなしく座っていられたらクリック、うなり声をあげずにお互いに近づくことができたらクリック。

2匹が相手を見るのではなく、トレーナーを見ながら、隣どおしに座っていられるようになるまで、これを繰り返し、2匹を近づけていきます。このトレーニングは回り道に見えますが、実際にやれば2匹の猫は友達どおしになります。「なあんだ、彼女はそんな悪い子じゃないわ」というわけです。友好関係ができればすなわち、お互いに匂いをかぎあったり、体をなめあったり、グルーミングをしたりするようになれば、トレーニングは終わりです。

いつものように、してほしくない行動を自分がうっかり強化していないかどうか確認してください。あるクリッカートレーニングについての講演の後で、一人の心理学者が「攻撃行動」に関して私に相談に来ました。彼の猫は、毎晩真夜中に決まってケンカをするのだそうです。はじめはただうなり声を出すだけだったのですが、今では本当にケガをするほどエスカレートしているのだそうです。毎晩、彼はお互いを引き離し、2匹にエサをあげてなだめるために起きなければなりませんでした。誰が誰をトレーニングしているかわかりますか？

猫と犬を一緒に飼う

もともと犬を飼っているところに、新しく猫を飼おうとしていますか？　それともその逆ですか？　こうしても、必ずしも惨事にはなりません。猫と犬はよい友好関係を築けます。

まずはじめに、単純な飼育管理の問題を考えます。犬にも猫にも、それぞれ個別の寝る場所が必要です。少なくとも、友好関係が築かれるまでは、猫には廊下の奥の方、バスルーム、書斎、あるいはクローゼットでも寝場所になりえます。何か寝具になるものを敷いた箱か棚を用意し、できればそれを床から高い位置に置きます。猫は、地面にいない方がより安全を感じます。

次に、小さな出入り口を2つ作り、犬と猫が実際には接触せずに、お互いが出会ったり、見たり、匂いをかいだりできるようにします。エサは別々にやります。少なくともはじめは、別々の部屋で。追いかけっこが始まったときのために、猫に逃げ道を確保しておいてください。跳び越えるか、くぐり抜けるかして、逃げ出せる場所を猫に教えておきます。犬が猫を追いかけようとしたときに備えて、2、3日はリードを家の中でも付けたままにしておけば、度が過ぎた場合にはリードを踏んでやめさせることができます。あなたのコントロールを離れて、追いかけっこをさせてはなりません。犬が猫を追いかけたらやめさせて、すぐに閉じ込めるか、鎖でつなぐかしてください。叱ったり罰を与えてはなりません。そんなことをしても役に立ちません。一番よいのは、犬にも猫にもクリッカーの意味を教えることです。猫がそばにいても犬が静かにしていたり、追いかけっこを阻止するためにあなたが呼んだときに犬がやって来たら、クリックして、たっぷりとごほうびをあげてください。

逆に、もともと大人の猫がいるところに新しく子犬を飼うと、教育的

犬と猫は仇敵ではありません。友好的で敬意に満ちた関係を築くことができます。ほかのペットがいるところでも、平静で礼儀正しい行動をクリックすることによって友好関係を築くことが可能になります。

配慮で鼻をぴしゃっとたたくことで、たいていはきちんと礼儀正しく振る舞うことを教えます。子猫でさえ、犬にお行儀を教えられるようです。私はかつて、大きな雄のワイマラナー犬のいるところで、生後8週齢の子猫を飼い始めたことがあります。この犬は非常に礼儀正しく、子猫をかんではいけないという命令を受け入れましたが、しかしそのかわり、2日間にわたって、猫を非難し続けました。つまり、前足を1本宙にあげ、鼻を子猫から15cmくらいに近づけ、全身を震わせていたのです。子猫はそのうち、家の中の探索に出向き、本棚にのぼり、紙と遊び、家具の上で居眠りを始めました。「犬？　それが何さ」と、言わんばかりです。犬のその行動はとうとう突然なくなり、それ以来、猫がそばにいても穏やかで好意的になりました。

猫を追いかけ回す犬に対処する：
あるクリッカーストーリー

　私は、生後12週齢でバーミーズのミミを飼い始めるとき、もともと飼っていた犬のことで非常に悩みました。若いプードルのミーシャの方は、まったく心配しませんでしたし、ミーシャと新入りの子猫のミミは、すぐに仲良くなって一緒に遊ぶだろうと確信していました（そして実際にそうなりました）。しかし、9歳のボーダーテリアのトゥイチェットは、非常に脅威でした。実際、あるベテランの動物の行動カウンセラーはEメールで、猫を飼うのは考え直した方がよいと助言してくれたくらいです。

　テリアはみなそうですが、小さな獲物の狩猟に使うために改良された犬種で、トゥイチェットも小さな獲物を狙うことにかけては狂信的でした。かつて私が住んでいたところは、西海岸北西部の山間部で、トゥイチェットは、あらゆる種類の生き物、ハツカネズミやシロネズミからオ

ポッサムに至るまで、追いかけ回し、捕まえ、殺し、家の中まで引きずってきました。私の知る限り、猫を捕まえたことはありませんでしたが、もし事情が許せば、小鳥のエサ台にいる鳥を守るために、野生の猫を撃退するくらいのことはしたでしょう。彼女からすれば、もし可能なら、猫を追いかけ、殺すことは自分の責任でもあり、喜びでもあったでしょう。

トゥイチェットは、本能的にも経験的にも、小さな動物を一撃で捕え、脊椎をへし折る方法を知っていました。少なくとも最初は、監視下にないテリアを子猫に引き合わせたら、この大切な（そして高価な）子猫は殺されてしまったでしょう。この問題を解決するために、私がクリッカーをどのように使ったかお話しします。

私は、自宅に併設したオフィスのドアを閉め、そこに子猫を入れました。この段階ではまだ、子猫と遊んだりクリッカートレーニングするのは、オフィスの中か台所に限定していました。一方トゥイチェットは、家の中の別のところで飼いました。もちろん、ドアを閉めて。

ミミとトゥイチェットを最初に引き合わせた夜は、トゥイチェットを飛行機に乗せるための丈夫なクレートに入れ、台所に置き、紳士的なプードルのミーシャはリードにつないでおきました。子猫のミミは、彼らを探索するために、解放されました。ミーシャは、子猫が近づいてくると、犬どおしの社会的行動で反応しました。つまり、匂いをかぎ、なめ、しっぽを振り、子猫がじっとにらむと、頭を低くさげ、目をそらしてカーミングシグナルを送ったのです。完璧でした。トゥイチェットは、しばらくすると、うなり出し、騒がしく吠え立て、クレートのドアをひっきりなしに引っかきました。子猫がクレートの上に跳び乗り、空気穴越しに生意気にじっと見つめたときは、特にそうでした。私は、15分間はするがままにさせておき、その後、猫をオフィスに連れて帰り、夕ご飯を与え、2匹の犬も解放し、エサをやりました。

台所での2回目の面会の晩は、ミーシャには猫と遊ぶのを許しました。ただしリードをつけ、追いかけっこが度を過ぎたときは、リードを踏んで止められるようにしておきました。トゥイチェットは、クレートの中からその様子を見て、ひっきりなしにうなりながら、クレートから出ようともがいていました。「猫がいる！　外に出して！　あなたのために、猫を追い払わなくては！」

　トゥイチェットが一瞬静かになったときには、すかさずクリックし、ごほうびをやりました。一方、猫にもクリックのたびに、ごほうびのエサをやりました。猫のクリッカートレーニングを維持するためです（訳注：クリック音が聞こえても、ごほうびがもらえないと、クリックの効果がなくなってしまうから）。5分か10分が過ぎた頃、猫をオフィスに戻し、2匹の犬はリビングルームで解放しました。

　それから数日間は、テレビで夜のニュース番組を放送している時間に、2匹の犬をリビングルームの重い家具につなぎ、手にクリッカーとごほうびを持って、子猫を部屋に入れました。猫は行きたいところにどこでも行けます。まもなく、猫とミーシャは一緒に遊び始めました。その間、私はトゥイチェットが猫から目をそらした瞬間にクリックしました（ただし、短く）。次に、私が合図しなくてもリラックスしてお座りをしたとき、次には、さらにリラックスして伏せをしたとき、最後には、伏せをしながら私を見ているときにクリックしました。

　私はトゥイチェットに対して、クリックのかわりに「よし」という言葉を使うようにしました。トゥイチェットは、この言葉が「クリック音」と同じ意味だと知っていますが、ほかの2匹は知りません。だんだんトゥイチェットは、毎晩の夜の面会は、猫を追いかけ回して妨害するためにあるのではなく、クリックとごほうびをもらうためにあるのだとわかるようになってきました。トゥイチェットの関心は、猫に対するあえぐほどの興奮から、目を見開いて、私に対する関心へと移ってきました。

ボーダーテリアのトゥイチェットは、よく知られた猫嫌いです。でも子猫のミミは、クリッカートレーニングによってすぐに友達になれました。

「クリックもらえるの？　もっとごほうびをもらうためには、どうやって私の要求を伝えればいいの？」

　この夜の面会が終わるまでの１週間ほどの間には、恐ろしい瞬間が何回かありました。トゥイチェットがじっと立って、クリックを待っているとき、子猫がトゥイチェットの足の間をダッシュで通り抜け、ソファの下に隠れたこともあります。あまりに動きが速かったので、トゥイ

チェットはただ、見ていることしかできませんでした。それからトゥイチェットのひげとしっぽに跳びかかるのに夢中になり（ここで、クリックとごほうび）、さらには仰向けになって、トゥイチェットにおなかの毛をなめたりかじったりさせました。私はどきどきしましたが、猫が仕掛けたことなので、そのままにさせました。あらかじめ用心として、リードをつないだトゥイチェットのすぐそばに立ち、なおかつ首輪もしっかりつかみ、トゥイチェットがくんくん鳴き始めたり、興奮の様子を見せ始めたら、すぐさま猫から引き離せるよう構えていました。ミミは終わると、トゥイチェットの唾液でびしょびしょになっていましたが、そんなことは気にかけていないようでした。トゥイチェットは最後に、クリックとごほうびをたくさんもらいました。

　トゥイチェットが完全に慣れるまで、ミミは約3週間、私と一緒にいました。トゥイチェットはいつものようにリードでつながれ、ミミがソファからトゥイチェットの背中に跳び降りたときも、私の隣に伏せをして、静かにごほうびの骨をしゃぶっていました。トゥイチェットは振り返ることさえせず、骨を拾い直し、向こうへ行っただけです。

　最悪の事態は過ぎたことを、私は理解しました。トゥイチェットは子猫を、獲物というよりは若い仲間として、子犬のようなものとして扱うようになりました。「お嬢ちゃん、私の邪魔をしないで。今忙しいんだから」と。それ以来、トゥイチェットと猫が社会的な遊びをするほんの少しの間、トゥイチェットのリードを放すことができるようになりました。ミミが凶暴にも、トゥイチェットの前足や、左の耳、動かしているしっぽに攻撃を仕掛けたとき、トゥイチェットは、「これでクリックもらえる？」という顔で、ただ私の方を見ただけです。もちろん、あげるわ！

　ミミはそれから、トゥイチェットを追いかけっこに誘い始めました。横っ跳びに跳んだり、トゥイチェットの鼻の真下から跳び出したり。危険な遊びです。しかし猫には、何か計略があるようでした。トゥイチェッ

トに捕まりそうになったとき、脱兎のごとく逃げました。トゥイチェットは、困惑してあたりを見回しながら、じっと立っていると（「猫はどこへ行ったの？　確かにここにいたのに。もう少しで捕まえるところだったのに！」）、近くの棚やテーブルの上から猫がトゥイチェットの背中に跳び降りるのです。

　トゥイチェットは、これがお気に召しませんでした。彼女の困惑の表情はとても面白いものでした。とうとう、トゥイチェットは追いかけっこの誘いに乗り、3、4歩踏み出しましたが、立ち止まり、ため息をつき（「どうせ結末はわかっているわ」）、不機嫌そうにソファに戻り、寝そべったものです。犬は五目並べしかできませんが、猫は碁が打てるというわけです。

　ミミが6カ月齢になるまで、自分が家を留守するときには、2匹の犬が一緒に猫を追いかけ回して収拾がつかなくなった場合のことを考えて、ミミをトゥイチェットから引き離しておきましたが、とうとう最後には、そのような用心は無用になりました。トゥイチェットは今では、ミミを最愛の子どものようにみなしています。トゥイチェットは毎朝ミミの顔をなめ、ソファの上でミミと一緒に丸くなって昼寝をし、自分のおもちゃを自由にミミに使わせます。3匹の動物たちはそろって、お客を玄関で迎えます。私たちは、家族なのです。

　こうなるまでに、大変な苦労があったように思われますか？　そんなことはありません。毎晩10分か20分、テレビのニュース番組を見ながらやっただけです。少しでも進歩しさえすれば、いずれはゴールにたどり着き、完全な平和が訪れることがわかっていましたし、実際にそうなったのです。その価値は、あったでしょうか？　もちろんです。そうしなければ、私は猫を飼うことはできなかったでしょうし、また、誰にでも猫は必要なのです。

コミュニケーションとしての
クリッカートレーニング

　ミミは今や1歳になりました。彼女は、それほど多くのことができるわけではありません。かわいらしいことが、ほんの少しできるだけです。それよりも私にとってもっと大切なのは、自分が考えていることを私に伝えてくれる適切な方法をたくさん持っていることです。バーミーズ種はよく鳴く猫だと言われていますが、ミミはけっして鳴きません（廊下のクローゼットに閉じ込められてしまったとき以外は）。なぜ鳴かないのでしょう？　アイコンタクトで、私の注意をすぐに引くことができるからです（「なあに、ミミ？　何がほしいの？」）。エサがほしいときは、イスの上に座ります。おもちゃがほしいときは、おもちゃの入っている引き出しをたたきます。ドアを開けてほしいときは、ドアの前に立ってドアを押します。犬と遊びたいときは、犬がいる部屋にまっすぐ走っていきます。ミミは、私が自分のことを理解してくれるとわかっていますし、同様に私のことを理解しようとします。私はミミを叱ったことがありませんし、「ダメ！」と言ったこともありません。たとえば、私がコンピューターで仕事をしているときに、ミミが遊んでほしくて膝の上に乗ってくると、彼女を床に下ろすことは「今すぐは遊べないわ」という印です。ミミは「わかったわ」と言って、聞き分けます。

　ミミは、私以外の人たちに対しても、コミュニケーション能力を発揮しています。ミミは玄関でお客を出迎えます。新しい場所も恐れません。私と一緒にオフィスにも行きます。そこでもクリックは有効です。ミミは、大好きなスタッフの肩に乗り、彼らがキーボード入力するのを見守ります。ミミは、はじめて会った人ともすぐに仲良くなるので、誰にでも気に入られます。ミミは初対面の人に近づき、アイコンタクトをし、抱き上げられるのを待ち、鼻やあごをなめます。お客さんはいつも驚い

て、大喜びします。

　哲学者でありイルカの研究家でもあるグレゴリー・ベイトソンがかつて、クリッカートレーニングは異種の動物とコミュニケートする方法だと定義したことがあります。まったくそのとおりです。しかし、それ以上です。一度、好子を使ってコミュニケートする方法を覚えたら、クリッカーゲームは、あなたの世界観の一部となります。もはや罰に後戻りすることはできません（少なくとも、罰を使ってみたときに、それを悟るでしょう）。あなたは、猫とコミュニケートする新しい強力な方法を手に入れたのです。それは強化から始まり、コミュニケーションとなり、仲間意識すなわち、愛情という素晴らしい名前で呼ばれるものへとつながります。おそらくこれこそが、猫がはじめからずっと、私たちに伝えようとしてきたことなのです。

第 5 章　資料：
お役立ち情報と、さらに勉強するには

クリッカートレーニングのための
書籍、ビデオ、道具

http://www.clickertraining.com

　本書の原著者であるカレン・プライアの、クリッカートレーニングの拠点。トレーニングの最新情報、記事、クリッカーコミュニティへの入会、e-mail によるニューズレター、「カレンからのレター」という月報、クリッカートレーニングに関してカレンがこれまで書いた資料すべて、クリッカー関連の他のウェッブサイトへのリンク、猫、馬、鳥のサイトのリストなどが満載。クリッカートレーニングの書籍、ビデオ、道具もオンラインで注文できる。

クリッカートレーニングの書籍

Don't Shoot the Dog! The New Art of Teaching and Training. 2nd ed.

　本書の原著者であるカレン・プライアの著作。強化を使ったトレーニングの「バイブル」。ペットに対してだけではなく、学校の教室、スポーツ、家庭でも役に立つ。アメリカ心理学会より受賞。1984年に初版、1999年に第2版発行。これまでに30万部のベストセラー。なお、初版は、河嶋孝と杉山尚子により邦訳され、『うまくやるための強化の原理─飼いネコから配偶者まで』のタイトルで、1998年に二瓶社から出版されている。

クリッカートレーニングのビデオ

Clicker Magic（55分）

犬、子犬、ラバ、魚、アジリティをする猫のクリッカートレーニングの様子が20場面収録されている。

猫のクリッカートレーニングのウェッブサイトとリスト

http://www.clickercat.com

猫のクリッカートレーニングに関する記事、資料、ならびに書籍、ビデオ、ウェッブサイトについての最新情報が満載。「Look what MY cat can do」という、猫に教えた行動を写真で投稿するページもある。

http://www.click-l.com

最も歴史のある、最大規模のリスト。多くの情報が満載。ただし、犬のトレーニングに関する情報は多くない。

http://www.animaltrainermagazine.com
キャサリン・クローマー編集。

＜訳注＞
原著出版以後、以下の書籍が上梓された。
Here Kitty, Kitty
本書にもたびたび引用されるキャサリン・クローマーの書いた猫のクリッカートレーニングの本。写真も豊富。

日本語で学ぶクリッカートレーニング

　ここでは日本語で読めるクリッカートレーニングの情報をお知らせします。

ウェブサイト

犬のしつけをまじめに考える！

http://www.dogparty.net/
　クリッカートレーニングの理論的背景である行動分析学を学び、子犬のトイレットトレーニングで修士号を取得したドッグトレーナー小田史子さんのサイト。クリッカー、オリジナルのDVD、書籍などの通信販売も行っている。

バードトレーニング

http://love.ap.teacup.com/bird/
　クリッカートレーニングの理論的背景である行動分析学を学んで修士号を取得した青木まゆみさんのサイト。鳥のトレーニングやしつけの情

報が満載。

書籍
ペギー・ラーソン・ティルマン著（舩木かおり訳）『クリッカーで愛犬のトレーニング』二瓶社

DVD
カレン・プライア制作（舩木かおり訳）「Puppy Love: クリッカーを使った子犬の育て方」二瓶社

付　録

猫のクリッカートレーニング 15 の秘訣

1．クリッカーのボタンを押して離し、音を立てます。それから、ごほうびです。ごほうびは小さく。最初は大好物のおいしいものをごほうびにすること。たとえば、ローストチキンのかけらなど。キャットフードまるまる1個ではいけません。

2．教えたい行動をしている最中に、クリックします。し終わってからではいけません。クリックのタイミングが重要です。クリックの音を聞いて、猫がその行動をやめてしまっても、うろたえる必要はありません。クリックは行動を終わらせます。その後、ごほうびです。ごほうびのタイミングは、それほど重要ではありません。

3．猫があなたの望むことをしてくれたときに、クリックしましょう。最初は、猫が自力でできるような簡単なものを選ぶこと（例：おすわり、あなたのそばに来る、鼻であなたの手に触る、前足をあげる、ターゲットに触る）。

4．クリックは1回だけ鳴らすこと（押して、離す）。感激を伝えたいのなら、ごほうびの回数を増やせばよく、クリックの数を増やしてはいけません。

5．1回のレッスンは短時間で。長く続けるより、1分間のレッスンを3回繰り返す方が、たくさん覚えます。日常生活のいろいろな場面で、1日数回ずつのクリックをすることで、素晴らしい結果が得られ、かつたくさんの新しいことを教えられます。

6. 2匹以上猫を飼っているのなら、トレーニングは別々に行うこと。まず1匹をトレーニングし、次にもう1匹をします。

7. 教えたい行動に関係のありそうな、自発的な（偶然の）行動をクリックしましょう。おだててさせたり、誘導したりもできますが、強制してはいけません。

8. 完全にできるまで、待つ必要はありません。めざす方向に近づいているなら、小さな進歩でもクリックすること。お座りを教えたいなら、背中を丸めたら、クリック。呼んだらそばに来ることを教えたいなら、あなたの方に2、3歩だけでも近づいたら、クリックです。

9. 教えたい行動の目標に向かって、どんどん進んでいくことです。猫が自発的に寝そべったり、自分の方に近付いてきたり、ターゲットを追ったときにクリックしたら、すぐに次はそれ以上のことを要求するのです。もう少し長く寝そべっていたら、もう少し早く来たら、もう少し遠くに追っていくまで、待つのです。それからクリック。このように教えたい目標に向かって、行動を次々と強化していくことを、行動を"シェイピング"すると言います。

10. 猫がクリックのために何かすることを覚えたら、もっとクリックをさせようと、次はその行動を自発的にするようになります。そのときこそ、言葉や身振りの合図を導入するときです。合図を出したときに、その行動をしたら、クリックしなさい。合図をしないのにその行動をしたときは、無視しましょう。

11. 猫が合図に反応しないとしても、"強情"だからではありません。

合図をまだ完全には覚えていないだけです。もっと簡単な場面で、合図を出す方法をもっと見つけ、望ましい行動が起こったらクリックすることです。

12. クリッカーを持ち歩き、くるっと回ったり、お辞儀をしたり、片方の前足をあげたりするような、かわいらしい行動を見つけ、クリックしましょう。気づいたときはいつでも、たくさんのいろいろな行動をクリックできます。いくつもの行動をクリックしても、猫は混乱しません。

13. 腹を立てたときは、叱るのではなく、クリッカーを片づけてしまうことです。叱ってしまうと、クリッカーに対する猫の信頼を失い、ひいてはあなたに対する信頼も失います。

14. ある特定の行動に関して進歩が見られないときは、おそらくクリックのタイミングが遅いのです。間髪入れずにクリックすることが重要です。クリックするところを誰かほかの人に見てもらうか、何回かお手本を示してもらうとよいでしょう。

15. 一番大切なのは、トレーニングを楽しむことです。クリッカートレーニングは、あなたと猫の関係を豊かにする素晴らしい方法なのですから。

訳者あとがき

　本書の原著である *Clicker Training for Cats* に出合ったのは、2003年5月、サンフランシスコで開催された国際行動分析学会の会場の一角に設置されたブックストアであった。迷わず手に取った。著者カレン・プライアのベストセラー、*Don' t Shoot the Dog* の邦訳書（邦題『うまくやるための強化の原理』）を1998年に二瓶社から上梓していたことで、クリッカートレーニングにはなじみがあったが、猫を相手にすることに興味をそそられたからである。

　日本に持ち帰り、後に共訳者となった愛猫家の鉾立さんにお土産として手渡した時点では、翻訳を考えていたわけではない。ある日、天啓のようにこれを2人で訳出してみることを思いついたときにも、実現の可能性を確信していたわけではない。しかし、それからまもなくの6月15日の夜のことだった。鉾立さんから届いた1通の電子メールには、本書の冒頭部分の日本語訳が記されていたのである。原文の味が活きているその日本語と、愛猫家ならではの表現に接し、私は翻訳の可能性を確信した。

　それからは、第1章と第2章を鉾立が、第3章以降を杉山が担当したが、最終的な編集作業は杉山が行った。原著は一般の読者にも読みやすいように平易な英語で書かれているため、日本人にはなじみの少ない熟語や口語表現が多用されている。訳出にあたってはこの点に悩まされたが、実に心に残る作業であった。

　原著は表紙にはユーモラスな猫の姿が描かれているものの、内容は文字ばかりで構成されている。しかし邦訳にあたり、より魅力的な本づくりをするために、カレンは写真を入れることを提案しただけではなく、実際に多くのトレーニング場面の写真を送ってくれた。二瓶社はこれを受け、カレンからのプレゼントであるすばらしい写真を本書に散りばめた。そのおかげで、いっそうの光彩を放って本書を皆様のお手元にお届けできることは望外の喜びだ。ただし、2枚だけは私自身が撮影した写真をしのばせている。本文とともにお楽しみいただければ幸いである

　本書を上梓するにあたり、猫に関する専門的な記述に関しては、桜井動物病院の桜井富士朗博士、帝京科学大学で応用動物行動学を専門とする加隈良枝博士にご指導いただいた。また、英語の表現に関しては、南フロリダ大学の清水透教授にお世話になった。ノーステキサス大学大学院で、本書にも登場するヘスース・ロザレス-ルイス教授に直接指導を受けた若き行動分析家の是村由佳さんには多くの示唆をいただいた。記して感謝する。

　最後に、この小さな本を心をこめて鉾立の両親に捧げます。そして、ソラ、アトム、ブリジッタ、ベッティ、君たちがいなければ本書は生まれなかった。ありがとう。君たちの瞳と天鵞絨の手ざわりを忘れない。

　　　2006年10月　深まりゆく秋の日に

　　　　　　　　　　　　　　　　　　　　　　　　　　　杉山　尚子

原著者紹介
カレン・プライア

　1960年代にイルカのトレーニングを通して、従来の罰に頼らない新しい動物トレーニングの技法を開発。行動分析学（オペラント条件づけ）の原理を基礎とした、クリッカートレーニングの創始者である。トレーニングの原理を一般向けに著した主著、*Don't Shoot the Dog*（邦題『うまくやるための強化の原理』、二瓶社）は世界的なベストセラーとなっている。

訳者紹介
杉山尚子

　慶應義塾大学大学院心理学専攻博士課程修了。星槎大学教授。主著『行動分析学入門―ヒトの行動の思いがけない理由』（集英社新書、2005年）など。

鉾立久美子

　活水女子短期大学英文科卒。介護支援専門員。

猫のクリッカートレーニング

2006年11月24日　初版第1刷
2021年3月31日　　　第3刷

著　者　　カレン・プライア
訳　者　　杉山尚子
　　　　　鉾立久美子
発行所　　有限会社二瓶社
　　　　　TEL 03-4531-9766
　　　　　FAX 03-6745-8066
　　　　　郵便振替 00990-6-110314
　　　　　e-mail: info@niheisha.co.jp
印刷製本　亜細亜印刷株式会社

万一、落丁乱丁のある場合は小社までご連絡下さい。
送料小社負担にてお取替え致します。
定価はカバーに表示してあります。

ISBN 978-4-86108-036-4　C1011